犬疑难病的诊疗与针灸图谱

陆钢　　范开　主编

中国农业大学出版社
·北京·

内容简介

本书介绍了部分犬疑难病的针灸治疗。全书分为疾病篇、针具及操作篇和腧穴篇，有彩图百余幅。

疾病篇主要介绍10种常见犬疑难病的诊断与针药治疗，并附有14例典型病案报告。其中较有特色或首次介绍的有：针灸治疗犬慢性顽固性咳嗽、下颌关节障碍症和后肢肌肉萎缩症，用氦氖激光穴位照射方法治疗犬心力衰竭，运用传统的和现代的针灸疗法对犬颈椎病或腰椎病引起的瘫痪重症进行有效治疗。

针具及操作篇介绍了传统针灸疗法（包括气针）以及电针、穴位注射、激光穴位照射三种现代针灸疗法。

腧穴篇介绍了犬的94个腧穴，含腧穴图60余幅，既标示了腧穴在体表的刺入点，也标示了其进针方法，便于学习针灸者掌握与实际操作。部分腧穴条目下附有现代实验研究简介，可以进一步引证腧穴的功能与主治范围。

图书在版编目（CIP）数据

犬疑难病的诊疗与针灸图谱 / 陆钢，范开主编. —北京：中国农业大学出版社，2013.12
ISBN 978-7-5655-0849-3

Ⅰ.①犬… Ⅱ.①陆… ②范… Ⅲ.①犬病–疑难病–诊疗–图谱②犬病–疑难病–针灸疗法–图谱 Ⅳ.①S858.292-64

中国版本图书馆CIP数据核字（2013）第270285号

书　　名	犬疑难病的诊疗与针灸图谱		
作　　者	陆钢　范开　主编		

策划编辑	赵　中	责任编辑	张苏明
封面设计	郑　川	责任校对	陈　莹　王晓凤
出版发行	中国农业大学出版社		
社　　址	北京市海淀区圆明园西路2号	邮政编码 100193	
电　　话	发行部 010-62818525，8625	读者服务部 010-62732336	编辑部 010-62732617，2618　出版部 010-62733440
网　　址	http://www.cau.edu.cn/caup	E-mail　cbsszs@cau.edu.cn	
经　　销	新华书店		
印　　刷	涿州市星河印刷有限公司		
版　　次	2014年3月第1版　　2014年3月第1次印刷		
规　　格	787×1 092　　16开本　　10.75印张　　253千字		
定　　价	68.00元		

编 审 人 员

主　编　陆　钢　范　开

副主编　常建宇　吴振霞　曹瑞邦

编　委　（按姓氏笔画排序）

　　　　　王洪钧　刘　敬　李明艳　李树忠　杜　杰　吴振霞　陆　钢
　　　　　范　开　侯忠勇　常建宇　黄一帆　曹瑞邦　董　静　解传涛

审　校　许剑琴　刘钟杰　陈耀星

前　言

　　宠物医疗业的迅猛发展，给古老的传统兽医针灸带来了无限的生机。在宠物医疗实践中，我们深深地体会到，传统兽医技术与现代科学技术完美地结合，给兽医事业的发展、创新留下了无限的空间。

　　犬疑难病一直是宠物医师在临床诊疗上比较关心和棘手的问题，也是宠物医师努力探求合理解决的重要课题。本书所列的疑难病，在有的人看来，不一定认同。今天的疑难病，随着诊疗技术的提高，明天就不一定存在。昨天还没有的疑难病，今天可能出现了。因此，对于疑难病的认识和界定一直没有一个固定的共识。我们认为所谓疑难病就是一种不容易确诊和治愈的病症。

　　动物针灸是中国传统兽医学的重要组成部分，内涵丰富，功效显著，应用广泛，是我国传统科技文化的瑰宝之一。目前在京宠物医院开展针灸医疗业务的有数十家，虽然为数不多，但是热爱针灸的宠物医师大有人在，时有人问及宠物针灸医疗的有关事宜。为此，我们把多年的临床经验编写成这本有关针灸治疗犬疑难病的专门册子。在针灸种类方面，除了介绍传统针灸（含气针）外，还包括有穴位注射、电针和激光穴位照射三种现代针灸方法。在腧穴方面，介绍了山根穴、水沟穴、上关穴、下关穴、开关穴、晴明穴、晴腧穴、承泣穴、耳尖穴、角孙穴、颅息穴、翳风穴、天门穴、风池穴、三委穴、廉泉穴、喉腧穴、天突穴、颈脉穴、大椎穴、陶道穴、身柱穴、灵台穴、中枢穴、脊中穴、悬枢穴、命门穴、阳关穴、关后穴、百会穴、百会旁穴、二眼穴、尾根穴、尾尖穴、后海穴、脱肛穴、肺腧穴、厥阴腧穴、心腧穴、督腧穴、膈腧穴、肝腧穴、胆腧穴、脾腧穴、胃腧穴、三焦腧穴、肾腧穴、气海腧穴、大肠腧穴、关元腧穴、小肠腧穴、膀胱腧穴、胰腧穴、卵巢腧穴、中脘穴、下脘穴、天枢穴、腰夹脊穴、弓子穴、膊栏穴、肺门穴、肺攀穴、肩井穴、肩外腧穴、抢风穴、郗上穴、肘腧穴、曲池穴、前三里穴、三阳络穴、四渎穴、内关穴、外关穴、胸堂穴、膝脉穴、阳池穴、腕骨穴、合谷穴、涌泉穴、前六缝穴、环跳穴、大胯穴、小胯穴、膝凹穴、阳陵穴、委中穴、后三里穴、阳辅穴、肾堂穴、解溪穴、中趾穴、后跟穴、滴水穴、后六缝穴等94个腧穴的穴名释义、体表定位、解剖结构、针刺方法、功能主治及其实验研究。其中有些腧穴，是我们第一次从人医针灸学中移植过来的，如内关穴、委中穴、角孙穴、颅息穴、翳风穴等，经验还不够丰富，仅供参考。在治疗犬病方面，包括慢性顽固性咳嗽、心力衰竭、下颌关节障碍症、桡神经麻痹症、角膜溃疡病、腰椎病、颈椎病、膀胱麻痹症、髋关节半脱位症以及后肢肌肉萎缩症共10种常见疑难病症的针药结合治疗方法。其中有些病症，如下颌关节障碍症、髋关节半脱位症、后肢肌肉萎缩症以及不同症型的颈椎病等，是我们首次用针灸治疗，经验还要不断总结完善。此外还记录有14个临床病例病案，读者可在实际诊疗时结合自己的经验，辨证施诊，灵活应用。书中所列处方、技术参数仅供参考，不当之处，请予批评。还有很多疑难病，如肾衰、肝昏迷、肿瘤以及血液病等等，由于我们的诊疗水平有限，还未能涉及，需要今后共同努力——攻克这些疑难病。

应当注意的是，目前的兽医针灸学相关书籍中文字描述和图示的穴位位置，均为相应穴位的体表刺入点。实际的穴位多位于体内深部，其定位须将体表刺入点与针刺方向、针刺深度结合考虑。若要在图示中真正地反映出腧穴的实际刺激点，需要做大量的研究工作和积累丰富的临床实际经验。为此，书中的腧穴图虽然提供了体表腧穴、解剖腧穴和骨骼腧穴图供读者参照对比，努力朝这个方向要求和运作，尽量能反映出腧穴的实际位置，但是，由于条件还不够完全成熟，书中很多腧穴点还不能完全达到这一点，离理想目标还有很大一段差距。因此，敬请读者谅解，并在实际操作时能关注到这一点。

在编写过程中，我们尽力按照实用、有效、简便的要求来编写。本书所记载的腧穴进针深度和用药剂量等技术参数，均以体重10 kg左右的成年犬为例设置，临床应用时请根据具体病犬的体重、体质、病情灵活调整，切勿进针过深、用药量过大，以免出现意外，造成不可挽救的事故发生。在编写过程中我们得到了中国农业大学动物医院、中农大我爱我爱动物医院、北京关忠动物医院、北京本家动物医院领导、医师和有关人士的支持和帮助，特别是中国农业大学动物医学院教授、动物疾病诊疗专家万宝璠先生对本书编写给予的鼓励和支持，中国农业大学出版社社长汪春林、编辑赵中先生的精心策划和鼎力相助，责任编辑张苏明的精心加工和极端负责，在此一并表示诚挚的感谢。由于我们的水平有限，错误和不当之处在所难免，恳请广大读者给予批评指正。本书若对您的宠物医疗实践有略微帮助的话，我们就会感到莫大的欣慰。

我们相信宠物医疗业和动物针灸的发展明天一定会更好！

陆　钢　范　开

2013年10月

目　　录

三、腧穴篇

附表

参考文献

图明细

一、疾病篇

（一）犬慢性顽固性咳嗽

1.犬慢性顽固性咳嗽临床上主要有哪些症状？如何诊断？

　　主要症状：咳嗽病程较久，一般在1个月以上。临床检查精神、食欲、呼吸、血象基本正常，使用多次消炎、止咳化痰药，仍有咳嗽症状，咳嗽声音较低，且单声咳嗽，口中常含有多量痰液。

　　诊断：根据病史和临床咳嗽症状很易确诊。

2.犬慢性顽固性咳嗽的治疗原则是什么？

　　犬慢性顽固性咳嗽的治疗原则是理肺降气，止咳化痰。

3.犬慢性顽固性咳嗽针灸治疗应取何穴为主穴？何穴为副穴？

　　主穴：喉腧穴；副穴：天突穴。见图1-1。（腧穴定位、针刺方法参见腧穴篇）

4.犬慢性顽固性咳嗽治疗时，常用什么穴位注射药物？其作用是什么？

　　穴位注射药物：注射用氨苄西林钠0.5 g或其他广谱抗菌消炎药,灭菌注射用水2 mL，混合后再取2%普鲁卡因注射液。

　　作用：消炎止咳。

5.犬慢性顽固性咳嗽病案。

　　1998年9月在门诊收治一例比格雄犬，14月龄，体重12 kg，免疫完全。因患感冒用过抗生素，至今仍咳嗽，有半年之久，一直未愈。

　　临床检查：精神、食欲、体温均正常。人工诱咳阳性。口中含有多量痰液。血常规检查红、白细胞数均在正常范围内。确诊为慢性顽固性咳嗽。

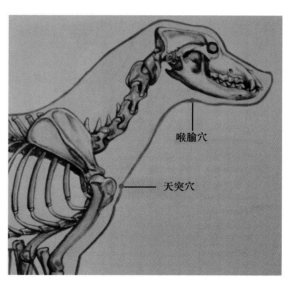

图1-1　喉腧穴和天突穴骨骼图

治疗：喉腧穴注射，注射用氨苄西林钠0.5 g，注射用水2 mL，混合后吸取0.4 mL，再吸取2%普鲁卡因注射液0.1 mL，混合后喉腧穴一次注射。1周后来院复查，咳嗽症状完全消失，痊愈。未再用药。（发表于《中兽医学杂志》2000年第3期）

【按语】

①穴位注射时需特别注意两点：一是药物准确无误地注入到喉腧穴内，这是决定治疗成败的关键。方法是在注射器刺入腧穴后，在注射药物前先回抽一下针管，若能回抽，证明位置正确，刺入气管内，即可缓慢地注射药物（切忌注射速度过快）。二是严格控制穴位注射药物的剂量，药量一定要精确，保证动物的生命安全。如果药量过大，会立即引起动物窒息死亡。

②进行穴位注射时，对动物的保定至关重要。通常采用背位保定，喉腧穴位置向上，便于操作。保定确实，施术方便；保定不实，影响操作；保定过于死板，影响动物呼吸，也会造成动物窒息死亡。

③如果病情较顽固，治疗一次未能见效，可间隔1周，用同法继续治疗，一般经3~5次，均可达到痊愈。

（二）犬心力衰竭

1.犬心力衰竭临床上主要有哪些症状？如何确诊？

主要症状：喜卧地，不爱活动，严重时躲在一角。低沉咳嗽，气喘，心音模糊，节律不齐，心率过快，口色发绀，鼻端发干、不光滑、长有毛刺（图1-2），严重时有胸水、腹水。食欲明显下降。

诊断：X光影像显示，心区扩大，呈椭圆形（图1-3和图1-4）。生化指标中肌酸激酶超标。根据临床症状、X光影像以及生化指标即可确诊。

2.犬心力衰竭的治疗原则是什么？

犬心力衰竭的治疗原则是宁心安神，补气生津。

3.犬心力衰竭应取何穴为主穴？何穴为副穴？

主穴：内关穴（图1-5）；副穴：心腧穴（图1-5）、厥阴腧穴。（腧穴定位、针刺方法见腧穴篇）

图1-2　心力衰竭犬鼻端不光滑、有毛刺

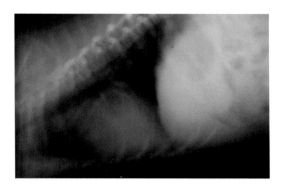

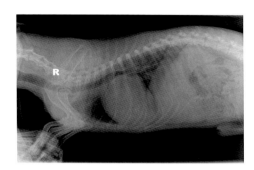

图1-3　犬心力衰竭X光片（右侧位）

图1-4　犬心力衰竭DR片

4.治疗犬心力衰竭时为什么经常采用激光穴位照射方法？

　　一般针刺内关穴时会产生较重的疼痛刺激，不易被病犬接受。用激光穴位照射方法，无疼痛刺激，容易操作，而且光针治疗效果要比手针效果明显（图1-6）。

5.激光治疗犬心力衰竭时，常配伍口服什么中成药？如何使用？

　　常用生脉饮（党参方）口服液，见图1-7。每日2次，每次3~5 mL。

6.生脉饮口服液由哪些中药组成？其功能主治是什么？

　　主要成分：党参、麦冬、五味子。

　　功能主治：益气，养阴生津。用于气津两伤、心悸气短的心力衰竭。

7.治疗犬心力衰竭时应采取哪些护理措施？

　　将患病犬置于安静、舒适、温度适宜的环境中，限制运动，以减轻心脏负担。防止受热、受寒、受惊吓。

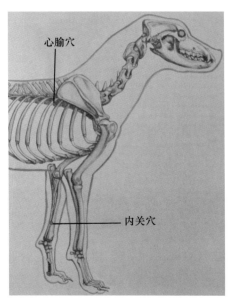

图1-5　内关穴和心腧穴骨骼图

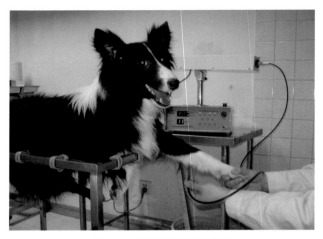

图1-6　氦氖激光照射内关穴

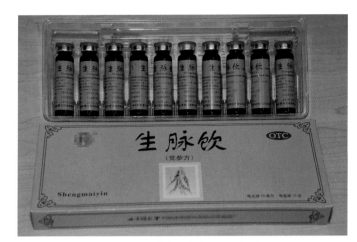

图1-7　生脉饮（党参方）口服液

8.犬心力衰竭如何分级?

据美国纽约心脏病协会资料，犬心力衰竭分为4级。

1级：代偿期，无心脏病症状，无运动耐受性下降，心脏扩大是唯一特征；

2级：初发期，剧烈运动时有症状（如咳嗽），运动耐受性下降，心脏扩大；

3级：明显期，轻微运动时有症状（如咳嗽），明显不耐运动，X光片显示心脏扩大，轻微肺水肿；

4级：严重期，休息或轻微活动时有症状，严重咳嗽（尤其夜间）、喘气，运动兴奋时出现昏厥，X光片显示明显胸水、腹水、心脏扩大。

9.犬心力衰竭病案。

2007年8月8日在中农大我爱我爱动物医院门诊收治一例西施雄犬，5岁，体重10 kg，过于肥胖，平时吃肉多，很少吃犬粮，两天未排粪。

临床检查：张嘴喘息，心音很弱，被呼吸喘息音掩盖，不易听清。两后肢发软，严重时卧地不起。晚上有低沉咳嗽声。

血检：白细胞总数19.1×10⁹/L，淋巴细胞2%，肌酸激酶119 U/L（正常值8～60 U/L），乳酸脱氢酶318 U/L（正常值为100 U/L）。X光片显示脊椎心脏指数（VHS）＞10.5。确诊为心力衰竭3级。

治疗：（1）当天首诊：①使用8 mW氦氖激光器穴位照射，内关穴、滴水穴、百会穴、悬枢穴、尾根穴各 3 min。②维生素 C 注射液250 mg，皮下注射。③骨肽注射液2 mL，皮下注射。④口服补盐液，兑水自饮。⑤拜有利注射液1 mL，皮下注射。⑥胸腺肽干粉10 mg，注射用水2 mL，混合后皮下注射。

（2）8月13日二诊：喘息稍有好转，已排便。治疗去拜有利注射液、胸腺肽干粉，其余同首诊。

（3）8月15日三诊：行走有明显好转，不喘息。治疗同二诊。

（4）8月18日四诊：治疗同三诊。

（5）8月20日五诊：基本正常，不予治疗，嘱犬主注意护理。

【按语】

①用氦氖激光照射内关穴治疗心力衰竭是中医研究院关于人的科研成果。本病取内关穴为主穴，内关穴具有宁心安神、通络疗痹的功效。它是治疗心力衰竭的关键腧穴。我们引用中医研究院的这一成果，在犬上同样取得了可喜和显著的疗效。如果没有其他症状，可以独取内关穴。

②如果患犬心力衰竭已经到了4级严重期，出现昏厥时应立即采取吸氧、强心等急救措施，若有胸水、腹水，应及时给予相应的紧急处置。在病情允许的情况下，可使用氦氖激光照射内关穴。

（三）犬下颌关节障碍症

1.犬下颌关节障碍症的病因和临床症状是什么？

犬下颌关节障碍症多因咬食硬物不当，致使下颌关节、韧带及周围神经组织损伤所引起。该病临床表现为下颌关节自主活动受阻，舌体露出嘴外，嘴合不拢，不能自由采食、饮水。

2.犬下颌关节障碍症如何与下颌关节脱臼、舌神经麻痹相区别？

下颌关节脱臼在临诊时可明显地触摸到下颌关节处有异常的关节头突出，疼痛明显，上、下颌因下颌关节脱臼而出现异常固定，下颌关节根本无法活动；舌神经麻痹症舌体不仅露出口腔外，而且牵拉舌体后，舌体不能自行缩回，绵软无力，还常有吞咽困难的表现。

3.犬下颌关节障碍症的治疗原则是什么？

犬下颌关节障碍症的治疗原则是，针对病情和临床症状，以舒筋活络、通利关节为主，采用针药结合的方法进行治疗。

4.犬下颌关节障碍症针灸治疗时取何穴为主穴？何穴为副穴？

主穴：上关穴、下关穴；副穴：开关穴、廉泉穴。见图1-8。（腧穴定位、针刺方法见腧穴篇）

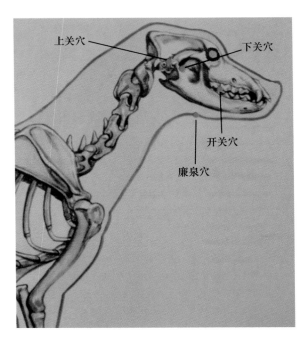

图1-8　上关穴、下关穴、廉泉穴、开关穴骨骼图

5.治疗犬下颌关节障碍症时，常用什么穴位注射药物？

注射用氨苄西林钠、维生素B_1注射液、维生素B_{12}注射液、地塞米松磷酸钠注射液、复方当归注射液、甲钴胺注射液等药物，均可用作治疗犬下颌关节障碍症的穴位注射药物。

6.犬下颌关节障碍症病案。

2000年11月24日在门诊收治一例贵宾雄犬，5岁，体重9.15 kg。1周前咬犬咬胶后下颌关节不能自主活动。在住家附近动物医院治疗近1周时间，疗效不佳。

临床检查：患犬心音较弱，节律不齐，呼吸不畅。下颌支下掉，与上嘴唇合不上，舌露出嘴外，不能自行饮水、进食（图1-9）。X光影像见双侧下颌关节半脱位（图1-10）。诊断为犬下颌关节障碍症。

图1-9　下颌关节障碍症病犬

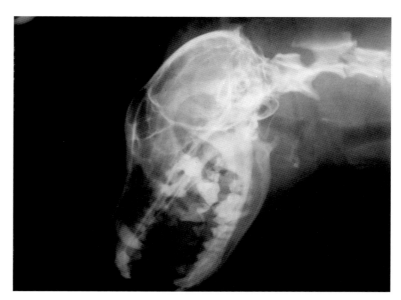

图1-10　下颌关节半脱位X光片（头右侧位片）

治疗：（1）当天首诊：①针灸两侧上关穴、下关穴、开关穴、廉泉穴，留针20 min，中间捻转平补平泻一次，见图1–11。②取两侧上关穴、下关穴，每穴注射穴位6号0.25 mL。（穴位6号见20页）③甲钴胺注射液0.5 mg，皮下注射。④生脉饮（党参方）口服液，每次5 mL，一日2次口服。

（2）11月29日二诊：病犬精神好转，能饮少量水，舌能频繁活动，下颌关节能作轻微活动，但嘴还不能完全闭合。治疗同首诊。

（3）12月1日三诊：主诉，患犬饮水正常，能进少量食。治疗考虑针感反应较强，针灸改为氦氖激光（8 mW）穴位照射，穴位同上，每穴照射5 min。其余用药同首诊。

三诊后再未来治疗。12月6日电话追访，该犬已基本痊愈。

【按语】

①起初接触这个病时，我们不清楚将这个病称为什么病，从症状来看，似乎是下颌关节麻痹，又似乎是下颌关节松弛，觉得这两个名称均不够确切。2010年本书主编之一陆钢到台湾讲学，一个偶然机会，看到一则消息，"因吃汉堡包比赛而得下颌关节障碍症的人多了"，从该病的病因与症状来看，与本例中犬的基本情况相似，从而将这个病命名为下颌关节障碍症。

图1–11　下颌关节障碍症针灸治疗

②本病在三诊时发现患犬对针刺较敏感，不易进针，因此改用氦氖激光照射代替针灸。激光是20世纪60年代出现的一种高亮度的新颖光源，对组织有一定的穿透力，在腧穴上照射具有良好的生物学效应，低功率激光对腧穴无刺痛反应，更易被患犬所接受。但切忌将激光对准眼球照射，以免造成不可逆的损伤，在眼附近照射时，也要注意保护眼睛不受伤害。

（四）犬桡神经麻痹症

1.犬桡神经麻痹症主要有哪些临床表现？

犬桡神经麻痹症临床表现多为一肢发病。患侧前肢不能负重，举扬困难，肘关节以下各关节呈屈曲弛缓状态。

2.犬桡神经麻痹症的治疗原则是什么？

犬桡神经麻痹症的治疗原则是濡养筋肉、营养神经。

3.针灸治疗犬桡神经麻痹症取何穴为主穴？何穴为副穴？

主穴：大椎穴、抢风穴、前三里穴、涌泉穴。副穴：肺门穴、肺攀穴、肘腧穴、外关穴、前六缝穴。（见腧穴篇）

4.电针治疗犬桡神经麻痹症常采用哪些穴组？

有抢风穴与涌泉穴组、肺门穴与肺攀穴组、外关穴与前六缝穴组。电针使用方法参见针具及操作篇。

5.气针治疗犬桡神经麻痹症时取什么部位和穴位？

取前肢肌肉萎缩处，或抢风穴、肘腧穴等。气针操作方法参见针具及操作篇。

6.运用激光穴位照射方法治疗犬桡神经麻痹症时一般取什么腧穴？

用激光照射穴位有两种方法，一是激光束直接对准患肢穴位照射，方法参见针具及操作篇；二是在针刺基础上，激光束通过毫针间接刺激穴位。常取抢风穴、涌泉穴、肘腧穴、前六缝穴等。

7.犬桡神经麻痹症除了针灸治疗外，还应用哪些药物治疗？

治疗犬桡神经麻痹症时，除了应用电针、激光针、穴位注射外，还常用一些能够兴奋或营养外周神经、通经活络强肌的中西药注射液，如黄芪注射液、复方当归注射液、丹参注射液、甲钴胺注射液、氢溴酸加兰他敏注射液、新斯的明注射液以及维生素B_1、维生素B_{12}注射液等。

（五）犬角膜溃疡病

1.犬角膜溃疡病主要有哪些临床症状？

患犬角膜溃疡病早期，角膜呈现局部的轻度混浊或有较厚的白色云翳布满眼球，较严重时在眼球表面有大小不等的凹陷的溃疡，溃疡周边角膜重度混浊，更为严重时角膜弹力层会从溃疡处突出，在角膜表面形成1~3个透明的小珍珠（图1-12）。

2.犬角膜溃疡病的治疗原则是什么？

犬角膜溃疡病的治疗原则是活血化瘀，收敛，明目退翳。

3.犬角膜溃疡病穴位注射治疗时取什么腧穴？

取睛腧穴、承泣穴，见图1-13、图1-14。穴位注射操作方法见针具及操作篇。

4.治疗犬角膜溃疡病经常用什么药物点眼？忌用什么药物点眼？

用贝复舒滴眼液或素高捷疗眼膏点眼，一日3~4次。忌用对角膜刺激性强的或影响角膜愈合的药物。

图1-12　犬角膜溃疡病

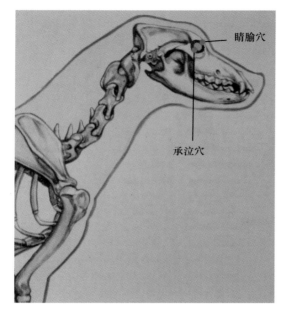

图1-13　睛腧穴和承泣穴骨骼图

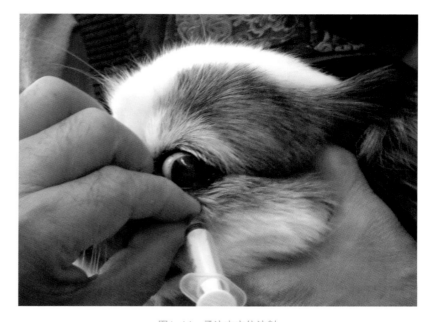

图1-14　承泣穴穴位注射

5.犬角膜溃疡病病案。

　　2000年5月11日在门诊收治一例京巴杂交犬，雄性，2岁，未经过免疫。发烧已有1周。临床检查：体温38.5℃，左眼角膜混浊，有灰白色云翳，精神、食欲尚可。犬瘟病毒抗体检查为阴性。

　　治疗：（1）当天首诊：抗犬瘟血清6 mL，皮下注射。维生素C注射液250 mg，皮下注射。注射用氨苄西林钠0.5 g，注射用水2 mL，混合后皮下注射。素高捷疗眼膏1支，外用点眼，一日3次。

　　（2）5月13日二诊：症状未见减轻，左眼角膜仍呈灰白色混浊。治疗改用自家血混合液穴位注射：注射用氨苄西林钠0.5 g，2%普鲁卡因注射液0.5 mL，自家血1 mL，注射用水2 mL，混合后在左眼睛腧穴、承泣穴各注射0.5 mL。

　　（3）5月16日三诊：左眼角膜清亮，基本痊愈，未再用药治疗。

【按语】

①该病例由于发现及时，治疗合理，经一次自家血穴位注射治疗后，很快得到痊愈，如果病情严重，一次治疗未愈，可每隔3~5 d继续用同法治疗，直至痊愈；

②穴位注射时要严格遵守无菌操作规则，防止继发感染；

③穴位注射时要严格控制进针深度，一般为0.3~0.5 cm，以防损伤眼球及视神经等组织。

（六）犬腰椎间盘疾病（简称腰椎病）

1.哪些品种的犬容易患腰椎病?

从国内来看，京巴犬、腊肠犬、巴哥犬、西施犬、可卡犬、雪纳瑞犬、斗牛犬和贵妇犬等易患腰椎病。

2.根据临床症状，犬腰椎病一般可分为哪几级?

根据沙尔主编、林德贵主译的《犬猫临床疾病图谱》记载，腰椎间盘病分为5级。

1级：脊椎疼痛敏感，无神经缺陷；

2级：轻瘫，但能行走；

3级：轻瘫，不能行走；

4级：麻痹，四肢末梢深部有痛觉；

5级：麻痹，四肢末梢深部痛觉缺失。

3.犬腰椎病轻症的临床症状有哪些? 治疗原则是什么?

临床症状：病犬表现昂头，弓腰，不爱活动，喜卧地，腹壁紧张，腰背部疼痛、拒摸，一后肢瘸或拖地行走。相当于犬腰椎病1~3级。

治疗原则：通经活络，强腰止痛。

4.犬腰椎病重症的临床症状有哪些？治疗原则是什么？

临床症状：病犬表现后躯瘫痪，完全不能行走，后肢末梢深部痛觉迟钝或缺失，重者粪尿失禁，久则两后肢肌肉萎缩（图1-15）。X光影像显示腰椎椎间盘有钙化硬结，椎间孔缩小，腰椎背侧、腹侧有各种形状的骨赘（图1-16）。相当于犬腰椎病4~5级。

治疗原则：通经活络，补肾强腰，补气疗痹。

5.腰椎间盘发生退行性改变时，怎样演变成腰椎间盘突出症？

当腰椎间盘发生退行性改变时，构成椎间盘外部结构的纤维环发生纤维变粗、变性，使纤维环失去弹性，不能负担原来的压力，当

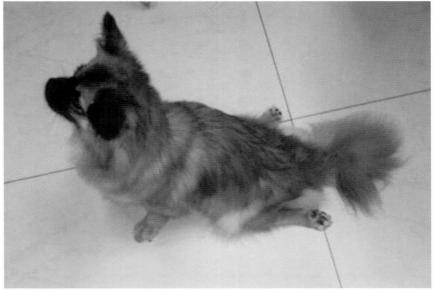

图1-15　犬腰椎病重症病犬

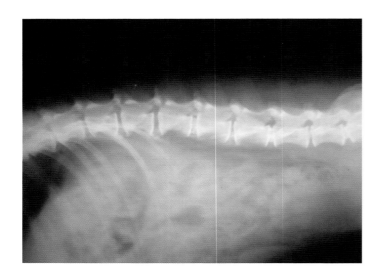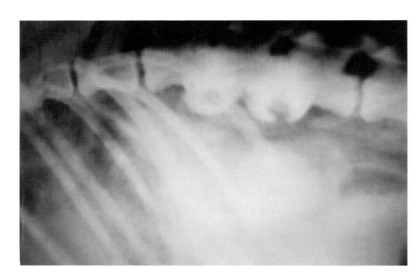

图1-16　犬腰椎病重症X光片（腰右侧位片）

剧烈运动或上蹿下跳时，在猛力撞击下体位发生改变，纤维环即可向外膨出，进而髓核也可从破裂的纤维环向外突出，这样就演变成腰椎间盘突出症。

6.犬腰椎病轻症治疗时取何穴为主穴？何穴为副穴？

犬腰椎病轻症治疗时取百会穴、二眼穴、悬枢穴、命门穴为主穴，取阳关穴、关后穴、尾根穴、尾尖穴、后跟穴、后六缝穴为副穴。见图1-17至图1-20。（参见腧穴篇）

7.犬腰椎病重症治疗时，除了轻症用穴外，尚需增加哪些腧穴？

犬腰椎病重症治疗时，除了轻症用穴外，尚需增加腰夹脊穴（参见腧穴篇）、百会旁穴、委中穴、后三里穴、滴水穴等。见图1-21和图1-22。

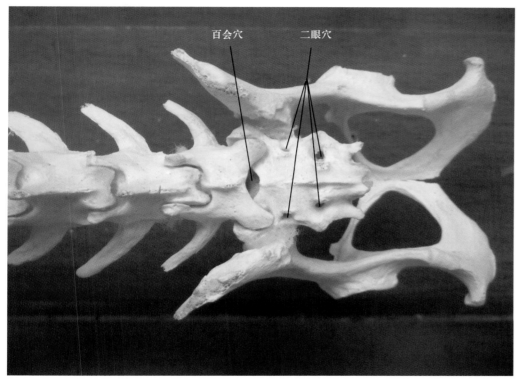

图1-17　百会穴、二眼穴骨骼图

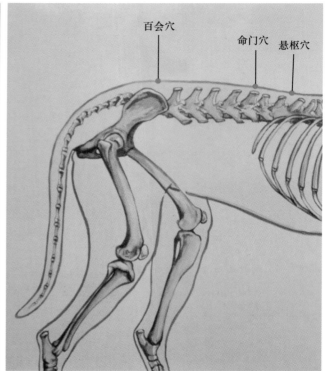

图1-18　百会穴、命门穴、悬枢穴骨骼图

17

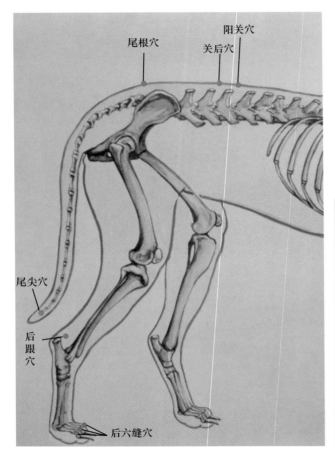

图1-19　阳关穴、关后穴、后六缝穴等穴位骨骼图

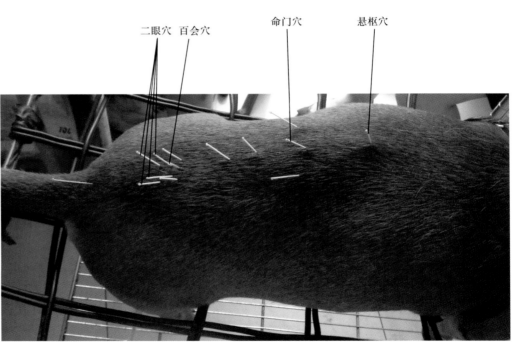

图1-20　针刺百会穴、二眼穴、悬枢穴、命门穴等穴位

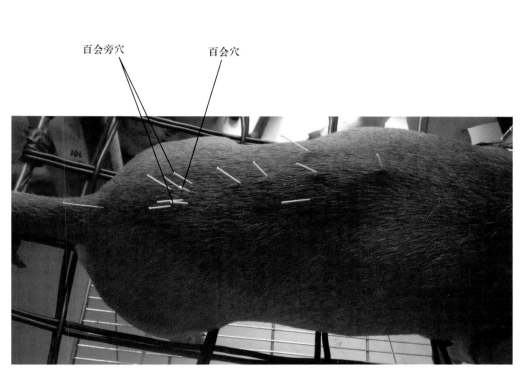

图1-21　针刺百会旁穴

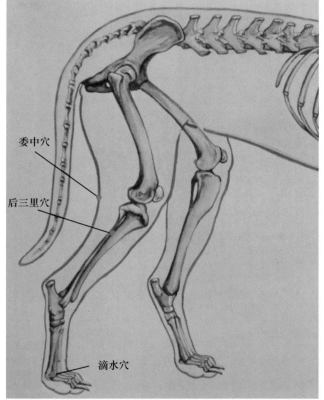

图1-22　委中穴、后三里穴、滴水穴骨骼图

百会旁穴

百会穴

委中穴

后三里穴

滴水穴

8.治疗犬腰椎病时取什么腧穴进行穴位注射？常用什么穴位注射药物？

穴位：选择悬枢穴、命门穴、百会穴（见腧穴篇），在起针后进行穴位注射。

药物：穴位6号（注射用氨苄西林钠0.5 g，复方氨林巴比妥注射液2 mL，维生素B_1注射液100 mg，维生素B_{12}注射液0.5 mg，地塞米松磷酸钠注射液5 mg，复方当归注射液1 mL），一般每穴注射0.2~0.5 mL。穴位注射药物剂量必须严格控制，以防出现意外。

9.电针治疗犬腰椎病时常取哪些穴组？

百会穴—后六缝穴（中）组，命门穴—滴水穴组，双侧肾腧穴组。

10.治疗犬腰椎病时，经常采用哪些药物？各有什么功效？

常用的药物是穴位6号、甲钴胺注射液、骨肽注射液等。

穴位6号具有消炎止痛、活血化瘀、营养神经等作用。甲钴胺注射液有修补外周神经的作用。骨肽注射液有促进钙质吸收等作用。

11.犬患腰椎病时如何进行护理？

嘱咐犬主每天对病犬按摩腰背部及后肢肌肉与后脚心各30 min，防止肌肉萎缩，促进早日痊愈。

12.犬患腰椎病瘫痪时应与哪些病症相区别？

犬患腰椎病瘫痪时应与下列几种病相区别：

①与犬瘟热、狂犬病、布氏杆菌病等传染病出现的瘫痪相区别；

②与严重心脏病如心力衰竭等相区别；

③与脊髓型颈椎病相区别；

④与骨盆骨折相区别；

⑤与前列腺肿瘤相区别。

13.犬腰椎病轻症病案。

2006年3月27日在门诊收治一例可卡雌犬，7岁，体型较胖，平时吃肉多，很少吃犬粮。近日因从高处摔倒在地，腰椎受伤，不会行走，两后肢瘫痪，疼痛不明显。X光影像可见：T5–12间隙狭窄，有钙化硬结。L2–7间隙部分硬结，少量钙化。腰椎椎体腹侧缘有明显的唇样骨质增生。诊断为犬胸腰椎退行性改变，腰椎病瘫痪轻症。

治疗：（1）当天首诊：①针灸百会穴、二眼穴、悬枢穴、命门穴、阳关穴、关后穴、尾根穴、尾尖穴、两侧后跟穴、两侧后六缝穴、两侧委中穴。留针20 min。②静脉输入10%葡萄糖酸钙注射液15 mL。③穴位注射穴位6号，百会穴6 mL，悬枢穴、命门穴各0.5 mL。④骨肽注射液2 mL，皮下注射。⑤氢溴酸加兰他敏注射液0.8 mg，皮下注射。⑥维生素C注射液500 mg，皮下注射。⑦中药腰痛宁胶囊（市售，承德制药厂生产），早、晚各半粒，口服。

（2）3月29日二诊：犬主诉患犬病情稍有好转，能站立5～6 min。治疗同首诊。

（3）3月31日三诊：患犬能自己走进诊室，治疗去掉静脉输钙，其余同上，针灸时针感非常强烈。患犬已基本痊愈，嘱犬主继续服用中药腰痛宁胶囊3日，不必来针灸；注意饲养管理，饲喂关节病处方犬粮，补充饲喂含有维生素D的钙片。

【按语】

①在穴位6号方中有复方当归注射液，它含有当归、丹参两药的有效成分，具有活血化瘀的功效。但极个别犬对复方当归注射液会产生过敏反应，为防意外，一般在首次注射穴位6号时，应让患犬留诊观察20 min，若出现过敏反应，肌内注射一般抗过敏药物即可。

②腰痛宁胶囊具有强腰脊、通经活络的功效，对治疗腰椎病有良效。它的成分有马钱子粉、土鳖虫、麻黄、乳香、没药、川牛膝、全蝎、僵蚕、苍术、甘草。方中马钱子粉有效成分是番木鳖碱（士的宁），毒性大，动物对其耐受性个体差异很大，因此，用药时应从最小剂量开始，逐渐增大剂量，以免引起中毒死亡。如一般成年博美犬应从1/4粒丸开始，一日一次。同时对患心脏病、风湿热、癫痫病的犬或怀孕犬等应严格禁用。

③饲养方面要注意三点：一是喂犬粮，科学配方犬粮中钙磷比例为1.5:1，钙容易被犬吸收。饲喂肝、内脏、肉食、香肠或罐头制品等，钙磷比例往往不合理，有时达到1:16，钙磷比例严重倒置，影响钙的吸收，还会造成骨骼中的钙流失。二是补钙，每天补充含有维生素D的宠物钙片。三是不要洗澡，从患病至痊愈后1个月，患犬颈背部、腰背部不能洗澡，会阴部可以及时清洗、擦干。这对腰椎病重症和颈椎病患犬同样适用。

14.犬腰椎病重症病案。

2007年12月3日在门诊收治一例京巴雄犬，6岁，平时爱吃肉，不吃犬粮。两后肢瘫痪，在当地动物医院治疗，腰部封闭三次无效。X光影像显示胸腰椎之间有硬结，L1–2、L3–4、L4–5之间均有钙化。确诊为腰椎病重症。

治疗：（1）当日首诊：①针灸悬枢穴、命门穴、阳关穴、关后穴、百会穴、二眼穴、尾根穴、尾尖穴、两侧后跟穴、两侧后六缝穴、两侧委中穴。留针20 min。②穴位注射穴位6号，百会穴2 mL，悬枢穴、命门穴各0.4 mL。③骨肽注射液2 mL，皮下注射。④甲钴胺注射液0.5 mg，皮下注射。⑤中药腰痛宁胶囊，口服，每次半粒，一日2次。

（2）以后隔日治疗一次，（方法完全同上）到第四次针灸时患犬能歪歪扭扭行走一会儿。到2008年1月8日针药结合共治疗12次，患犬能够上下楼，行动自如，基本痊愈。以后未再给予治疗。

【按语】

①犬腰椎病重症病情比较严重，相当于沙尔主编《犬猫临床疾病图谱》中腰椎间盘病的4、5级（见14页）。治疗及时合理，预后一般良好。与腰椎病轻症相比，针灸治疗增加了委中穴，它是人医上"腰背委中求"的专用穴位，具有强腰疗痹、活络止痛、缩尿等功效，在临床上应用屡见功效。因此，委中穴是治疗腰椎病重症的关键腧穴。本例经12次针药治疗，基本痊愈，疗程有一个多月，还是比较长的。如果针灸时再增加后三里穴、百会旁穴、腰夹脊穴等，以及配合电针，疗效可能会更理想些。

②以往有遇到犬腰椎病重症治疗10次左右后未见起色的情况，我们重新审视诊断，查找诊断上有无漏诊或失误，特别是有无颈椎椎间盘退行性病变，之后，我们及时吸取这个教训，注意到了颈椎病，治疗腰椎病重症就比较顺利。

（七）犬颈椎病

1.什么是犬颈椎病？

犬颈椎病是颈椎发生退行性变化引起的临床症状复杂多样的一种疾病，是中、老龄犬的常见病、多发病。

2.犬颈椎病可分为哪些不同症型？各有什么不同症状？

犬颈椎病的五种症型及其对应的症状见表1–1。

表1-1　犬颈椎病症型及其对应的症状

症状	对应症状
神经根型颈椎病	颈部疼痛严重，拒摸，低头困难，颈部僵硬，有时呈扭曲状，一前肢或两前肢行走无力等
交感型颈椎病	一侧或两侧瞳孔扩大，对光反射迟钝或无反射；角膜干涩，或有翳膜；心率减慢，节律不齐；头颈歪斜，有的口角歪斜，流涎，耳下垂；一侧前肢外展，减少承重；有的叫声嘶哑，突然失声等
脊髓型颈椎病	起病缓慢，表现前肢无力，一侧或两侧后肢瘫痪；排尿困难，尿潴留；颈部无触痛，瞳孔对光反射无异常；心率减慢，节律不齐等
椎动脉型颈椎病	站立不稳，容易跌倒，倒地后很快能够站起；四肢无力，共济失调；视觉障碍，突然失明，瞳孔扩大；有的出现呕吐等
混合型颈椎病	有不同类型，脊髓与交感型、脊髓与神经根型、神经根与交感型混合的颈椎病均可见到，临床上往往以某一症型为主，另一症型为副

3.犬颈椎病与犬颈椎间盘突出症应如何鉴别？

犬颈椎病与犬颈椎间盘突出症的相同点和不同点见表1-2，根据不同点即可鉴别。

表1-2　犬颈椎病与颈椎间盘突出症的异同点

项目	颈椎病	颈椎间盘突出症
相同点	以神经根、脊髓损害为特征，两者无法鉴别	
不同点		
病史	无外伤史	有外伤史
年龄	中、老龄犬多发	成年犬多见
X光影像	颈椎呈退行性变化	无退行性变化，颈椎间盘突出
预后	一般是良好	多不良

4.犬神经根型颈椎病的特征有哪些？治疗原则是什么？如何治疗？

特征：由于颈部神经根受到压迫，患犬以颈部严重疼痛为特征。颈部僵硬，不让触摸，一旦触摸，就会发出尖叫声，甚至咬人。头颈部不能上抬，也不能低下喝水（图1-23）。

治疗原则：祛瘀通络，止痛疗痹。

治疗方法：针刺三委穴、大椎穴（图1-23、图1-24），同时在上述穴位注射穴位6号（见20页），此外皮下注射甲钴胺注射液、骨肽注射液。

图1-23 犬神经根型颈椎病针灸治疗

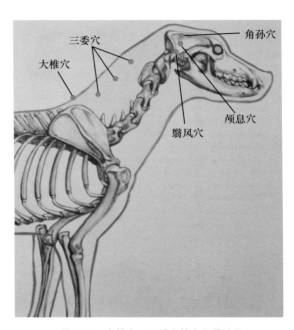

图1-24 大椎穴、三委穴等穴位骨骼图

5.犬交感型颈椎病的特征有哪些？治疗原则是什么？如何治疗？

特征：颈部交感神经受到颈椎及椎间盘退行性变化的压迫，引起一眼或两眼干涩无光，角膜生翳、瞳孔对光反射迟钝、心律不齐、心功能下降、头颈歪斜、前肢行走困难等症状（图1-25）。

治疗原则：祛瘀通络、强心、祛翳。

治疗方法：针刺大椎穴、三委穴、前六缝穴、内关穴、角孙穴、颅息穴、翳风穴（图1-24、图1-26），参见腧穴篇。穴位6号（见20页）注于大椎穴、三委穴，甲钴胺注射液皮下注射，骨肽注射液皮下注射，维生素C注射液皮下注射，生脉饮口服。

图1-25　交感型颈椎病病犬

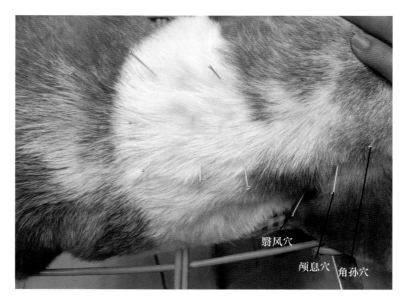

图1-26　针刺角孙穴、颅息穴、翳风穴

6.犬椎动脉型颈椎病的特征有哪些？治疗原则是什么？如何治疗？

　　特征：由于椎动脉受到压迫，患犬表现歪颈、眩晕、容易跌倒、行走共济失调等特征。

　　治疗原则：祛瘀通络，安神疗痹。

　　治疗方法：针刺三委穴、大椎穴、前六缝穴、风池穴、天门穴（见腧穴篇），穴位6号（见20页）注于三委穴、大椎穴、风池穴，甲钴胺注射液皮下注射，骨肽注射液皮下注射，维生素C注射液皮下注射，速尿（呋塞米）注射液皮下注射。

7.犬脊髓型颈椎病的特征有哪些？治疗原则是什么？如何治疗？

特征：颈椎及椎间盘退行性改变，造成椎孔、椎管狭窄，脊髓受损，引起患犬四肢末梢深部痛觉缺失，后肢不能负重，后躯瘫痪，严重时出现尿潴留、尿失禁等症状。

治疗原则：补气疗痹，祛风通络。

治疗方法：针刺大椎穴、三委穴、内关穴、前六缝穴、悬枢穴、命门穴、肾腧穴、阳关穴、关后穴、百会穴、二眼穴、尾根穴、委中穴、后跟穴、后六缝穴、后三里穴（参见腧穴篇），见图1-27。电针治疗（电针使用方法见50页）取三委穴任一穴—前六缝穴（中）为一组，百会穴—后六缝穴（中）为一组。穴注6号（见20页）注于三委穴、大椎穴、百会穴。甲钴胺注射液皮下注射，骨肽注射液皮下注射。

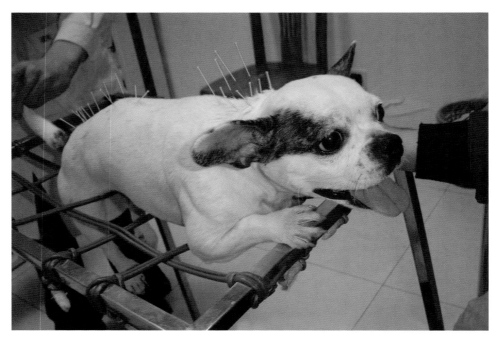

图1-27　犬脊髓型颈椎病针灸治疗

8.犬交感型颈椎病病案。

2009年6月8日在门诊收治一例约克夏雌犬，2岁，体重1.5 kg，一直吃狗粮。近来发现右前肢不敢着地，行走困难，来院治疗。

临床检查：患犬头颈歪向右侧，两眼瞳孔对光照无收缩反应，右前肢外展，以减少负重。X光影像颈椎侧位片显示第4~7椎间狭窄，没有间隙；颈椎正位片显示颈椎椎体扭曲。诊断为犬交感型颈椎病。

治疗：（1）当天首诊：①针灸两侧三委穴、大椎穴、右前肢六缝穴，留针20 min，中间捻转取平补平泻手法一次，见图1-28。②穴位6号注射，三委穴每穴0.1 mL，大椎穴0.5 mL。③甲钴胺注射液0.25 mg，皮下注射。④维生素C注射液125 mg，皮下注射。

（2）6月10日二诊：症状无明显变化，治疗同上。

（3）6月12日三诊：右眼瞳孔对光照有收缩反应，治疗同上。

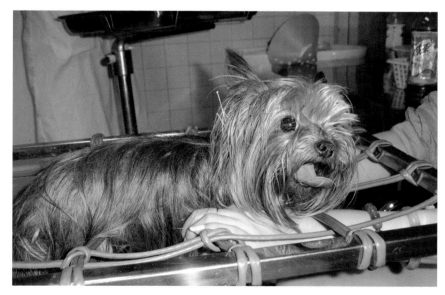

图1-28　犬交感型颈椎病针灸治疗

（4）6月15日四诊：行走基本正常，巩固疗效，继续用上法治疗一次。

前后共针灸4次，基本痊愈。

【按语】

①对本病的治疗成功，诊断是关键。犬交感型颈椎病由于过去报道极少，对其了解有限，一般不易确诊。它是由颈部交感神经被颈椎及颈椎椎间盘退行性改变压迫所致。颈前神经节灰交通支随血管分布于唾液腺、泪腺和虹膜的瞳孔开大肌处，分出1～2心支，走向心神经丛；颈后神经节与第1、2胸神经节合并而成颈胸神经节，由分支走向主动脉、心肌、气管、食道。因此，交感型颈椎病临床上有眼、心功能障碍等不同症状表现。临床诊断最简便的方法是进行瞳孔对光反射检查，观察到瞳孔对光反射迟钝或消失，结合X光片显示颈椎有退行性改变，就可初步确诊。

②三委穴具有舒筋活血、疏风解表的功效，它是从马的九委穴移植改良过来的。九委穴专用于治疗马低头难的颈风湿症。三委穴同样可以解除犬的颈部病痛。因此，三委穴是治疗犬颈椎病的主穴，在针灸基础上，还可对其进行穴位注射、电针或激光照射，这样可以取得更好的治疗效果。

9.犬脊髓型颈椎病病案。

病案一：

2009年7月13日在门诊收治一例巴哥雄犬，年龄3岁半，体重12 kg。平时不爱吃狗粮。颈部曾被大狗咬伤过。2009年7月6日突然发病，左前肢悬起不着地，现完全瘫痪，不会走路。X光颈椎侧位片显示颈椎第3~7椎间隙均狭窄，颈椎正位片显示颈椎椎体呈扭曲状。腰椎第3~6椎体背侧缘有小毛刺，腰椎椎间孔尚清晰。诊断为脊髓型颈椎病，左侧偏瘫。

治疗：（1）当天首诊：①针灸三委穴、大椎穴、两前肢六缝穴、悬枢穴、命门穴、阳关穴、关后穴、百会穴、二眼穴、尾根穴、尾尖穴、两侧委中穴、两侧后跟穴、两后肢六缝穴，留针20 min。中间捻针一次，见图1-29。②穴位6号注于三委穴、大椎穴、百会穴。除百会穴注射2.5 mL外，其余各穴为0.3 mL。③甲钴胺注射液0.5 mg，皮下注射。④骨肽注射液2 mL，皮下注射。⑤维生素C注射液500 mg，皮下注射。⑥氢溴酸加兰他敏注射液1.5 mg，皮下注射。

（2）隔天治疗一次，连续针灸、用药治疗5次，患犬能上下楼。又继续治疗3次，以巩固疗效。前后共治疗8次，基本痊愈，见图1-30。

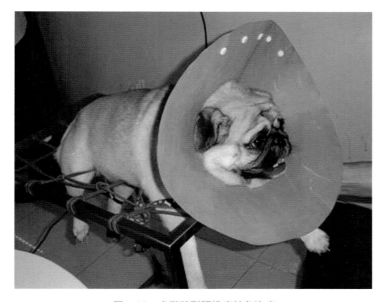

图1-29 犬脊髓型颈椎病针灸治疗

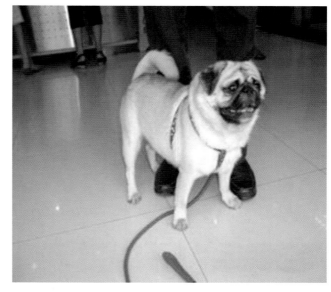

图1-30 脊髓型颈椎病病犬治愈后

【按语】

①犬脊髓型颈椎病是引起四肢瘫痪的严重疾病，它是颈椎病中最重的病症。本例巴哥犬由于年龄较小，治疗及时合理，因此经8次治疗，达到痊愈。在治疗中，共取三委穴等14个腧穴。针灸在治疗中起了关键性的作用，这充分显示了针灸的神奇作用。

②甲钴胺注射液具有改善神经支传导和修补外周神经的作用。甲钴胺是甲硫氨酸合成酶的辅酶，可使高半胱氨酸转化为甲硫氨酸，参与脱氧核苷合成胸腺嘧啶过程，促进核酸蛋白的合成，促进轴索内输送和轴索的再生以及髓鞘的形成，防止轴突变性。因此，甲钴胺注射液在脊髓型颈椎病治疗中起着非常重要的辅助作用。

病案二：

2010年12月17日在门诊收治一例拉布拉多雄犬，5岁，体重20 kg，免疫驱虫完全，平时以吃肉为主。第一次发病。病犬打哆嗦，伸着脖子喘粗气，连喘数日，不能伏卧。后肢肌肉高度痉挛、肿胀，腰背弓起，腹围蜷缩，一触摸腹部就尖叫或想咬人。

临床检查：患犬精神尚可，心音较弱，节律不齐，呼吸不畅，后肢肌肉萎缩较严重，后躯瘫痪，有轻微的尿失禁。病犬虽然瘫痪，但是其膝腱反射及尾和肛门反射尚可（图1-31）。X光影像显示颈椎椎间高密度阴影，心脏肥大，腰椎间隙狭窄，钙化严重。血常规检查：WBC 19.0（6.0～17）↑，LYM 2.0（12～30）↓。确诊为犬脊髓型颈椎病引起的后肢瘫痪。

治疗：（1）当天首诊：针灸+电针+穴位注射+激光照射。①针灸：三委穴、大椎穴、悬枢穴、命门穴、阳关穴、关后穴、百会穴、二眼穴、尾根穴、后三里穴、后六缝穴、尾尖穴，取平补平泻手法留针20 min（图1-32）。同时取百会穴—后六缝穴（中）组，命门穴—后六缝穴（中）组电针10 min。②穴位注射：百会穴、大椎穴、命门穴、阳关穴、关后穴，每穴注射穴位6号0.5 mL；③其他药物：甲钴胺注射液0.5 mg，皮下注射；维生素C注射液500 mg，皮下注射；骨肽注射液2 mL，皮下注射；氢溴酸加兰他敏注射液1.25 mg，皮下注射。④氦氖激光（8 mW）照射，两内关穴、两后肢滴水穴、后六缝穴每穴5 min。

（2）12月19日二诊：主诉病犬尿失禁有些好转。①针灸+电针+穴位注射+激光照射，治疗同上。②生脉饮（党参方）口服液每次口服5 mL，一日2次。③甲硫酸新斯的明注射液0.5 mg，皮下注射。

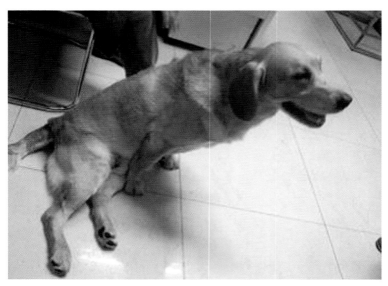

图1-31　犬脊髓型颈椎病引起的后肢瘫痪（拉布拉多病犬）

图1-32　犬脊髓型颈椎病针灸治疗

（3）12月21日三诊：主诉病犬在家能自己站立，尿失禁基本控制。①去掉针灸和电针，穴位注射与激光治疗同上。②口服生脉饮。

（4）12月23日四诊：主诉病犬走得时间长了，后肢还有点发软：①穴位注射加激光治疗同上。②口服生脉饮同上。

25日五诊时病犬基本痊愈，穴位注射、生脉饮治疗同上；27日六诊该犬完全康复，未予治疗（图1-33）。

10.犬脊髓与交感混合型颈椎病病案。

2009年6月5日在中农大我爱我爱动物医院门诊收治一例宫廷京巴雄犬，10岁，体重4.1 kg。2009年2月曾患过病，左前肢瘸，不敢负重。平时吃狗粮拌香肠。现瘫痪不会走路，在腰部打过3次封闭，未见效果。

临床检查：颈部稍肿，两眼瞳孔无对光反射，瞳孔增大，四肢末梢深部痛觉欠佳，尤以左侧前后肢为重，不会站立，瘫卧在地，心音弱，节律不齐。X光颈部侧位片显示颈椎2~3、5~7椎间明显狭窄，心脏扩大。腰椎侧位片显示除4~5腰椎椎间隙稍有狭窄外，其余均尚可（图1-34至图1-36）。诊断为脊髓与交感混合型颈椎病兼有心脏病。

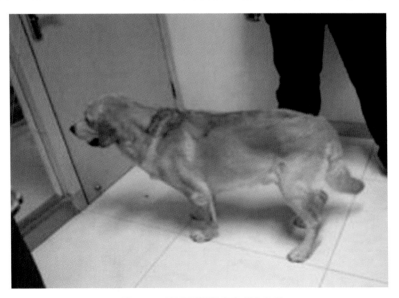

图1-33 脊髓型颈椎病病犬治愈后

图1-34 脊髓与交感混合型颈椎病病犬

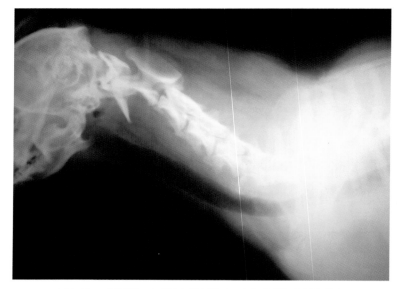

图1-35　犬脊髓与交感混合型颈椎病X光片（颈椎右侧位片）

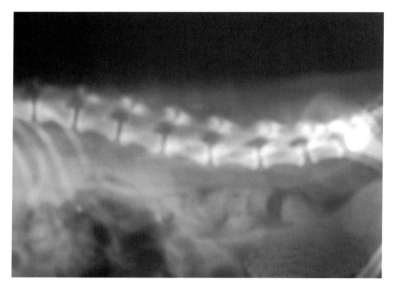

图1-36　犬脊髓与交感混合型颈椎病X光片（腰椎右侧位片）

　　治疗：（1）当天首诊：①针灸三委穴、大椎穴、两前肢六缝穴、两侧角孙穴、颅息穴、翳风穴、内关穴，留针20 min（图1-24、图1-37）。②穴位注射：穴位6号注于三委穴、大椎穴，大椎穴2 mL，三委穴每穴注射0.2 mL。③甲钴胺注射液0.5 mg，皮下注射。④骨肽注射液2 mL，皮下注射。⑤维生素C注射液250 mg，皮下注射。

　　（2）上述针药治疗隔日一次，3次后加用电针，取三委穴（中）—前六缝穴（中）组，断续波，通电10 min。治疗8次后加用氢溴酸加兰他敏注射液0.6 mg，皮下注射。临床检查发现两眼瞳孔对光反射基本正常。

　　（3）针药结合治疗15次后，行走基本正常，又巩固治疗3次。前后共治疗18次，痊愈。以后每隔半年来院针灸保健一次，至今未复发。

【按语】

　　①该病犬不仅四肢瘫痪而且两眼瞳孔对光反射全无，说明病情相当严重。在治疗上与其他颈椎病不同的是取穴增加了角孙、颅息、翳风三穴，经8次针灸治疗，瞳孔对光反射正常，说明角孙等三穴对缩瞳有明显效果。

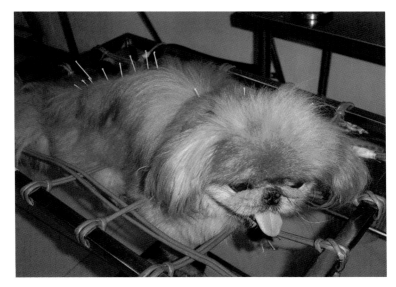

图1-37　脊髓与交感混合型颈椎病病犬针灸治疗

②在治疗3次后加用电针。电针刺激强度可分为弱刺激、中刺激、强刺激。弱刺激电流小，不引起肌肉收缩，机体毫无痛觉。中刺激强度中等，以肌肉略出现收缩为度，痛感不明显。强刺激电流大，肌肉呈现明显收缩，患犬有疼痛感觉，会出现较强烈的挣扎表现。强刺激多用于电针麻醉，或精神过于兴奋亢进的癫痫病等；弱刺激和中刺激多用于神经麻痹、瘫痪、肌肉萎缩等病症。本例取中刺激，以促进神经肌肉组织功能的恢复，有利于瘫痪病犬的早日痊愈。

11.犬脊髓与神经根混合型颈椎病病案。

2009年2月23日收治一例腊肠雄犬，9岁，10 kg。四肢瘫痪，经别的动物医院治疗1个半月，未见好转。

临床检查：头颈部贴地，不能抬起，颈部肿胀拒摸，四肢瘫痪，肌肉萎缩，四肢末梢深部痛觉缺失，尾巴稍能摇动，尿潴留。两眼对光反射正常，瞳孔能收缩到位（图1-38）。心音弱，节律不齐。X光影像显示：C2-3-4、5-6-7均变狭窄，盘结变硬，T11-13狭窄，腰椎基本正常（图1-39、图1-40）。诊断为脊髓与神经根混合型颈椎病。

图1-38　病犬瞳孔对光反射正常

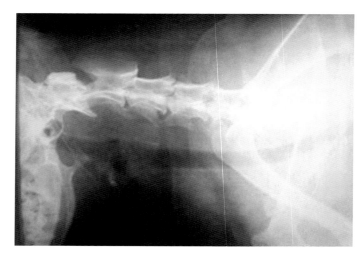

图1-39　犬脊髓与神经根混合型颈椎病X光片（颈椎右侧位片）

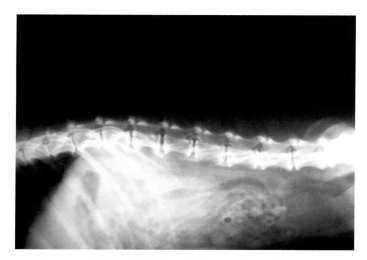

图1-40　犬脊髓与神经根混合型颈椎病X光片（腰椎右侧位片）

治疗：①针灸，颈部及前肢取三委穴、大椎穴（图1-41）、前六缝穴、内关穴，腰背部取百会穴、二眼穴、尾根穴、命门穴、阳关穴、关后穴，后肢取后跟穴、委中穴、后三里穴、后六缝穴。②穴位注射穴位6号，三委穴每穴0.2 mL，百会穴5 mL。③甲钴胺注射液0.5 mg，皮下注射。④骨肽注射液2 mL，皮下注射。⑤氢溴酸加兰他敏注射液0.125 mg，皮下注射。⑥维生素C注射液500 mg，皮下注射。⑦腰痛宁胶囊，早、晚各一粒，口服。⑧大活络丹，早、晚各1/4丸，口服。

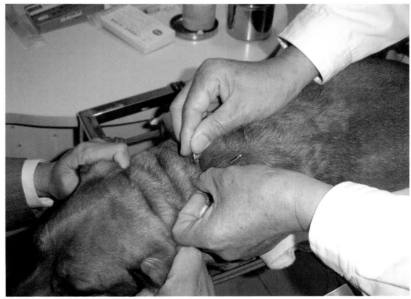

图1-41　脊髓与神经根混合型颈椎病病犬针灸治疗

隔日治疗一次，在治疗第7次时加用电针，颈部一组：三委穴任一点，前肢六缝穴一穴；腰部两组：百会穴—后六缝穴（中），悬枢穴—后六缝穴（中）。每次电针10 min。共电针34次。在治疗第12次时加用气针。在治疗第41次时，患犬开始能行走几步。在治疗第48次时，痊愈，行走如常，能抬腿排尿（图1-42）。治疗从2月23日开始到7月8日结束，疗程共计4个半月。

图1-42　脊髓与神经根混合型颈椎病病犬治愈后（可抬腿排尿）

【按语】

①该病犬不仅患有脊髓型颈椎病，而且患有神经根型颈椎病，加之病情拖延有1个半月，病情严重，治疗十分困难。该病犬之所以能够治愈，除了诊断正确、治疗合理以外，还有重要的一点是坚持。整个治疗过程用了4个半月的时间，针灸48次，电针34次，气针10多次，没有持之以恒、坚持不懈的精神是无法达到痊愈的，这确实来之不易。

②大活络丹是中医名方，出自《兰室秘藏》，相传有760多年历史。它是由人参、防风、当归、血竭、天南星、僵蚕等50味中药配制而成，具有大补元气、温经活络、祛痰除痹等功效，在治疗脊髓型颈椎病四肢瘫痪的过程中有极其重要的作用。体重小于5 kg时每次内服1/6~1/4丸，一日1次；5~10 kg时，每次内服1/4丸，一日2次。用量过大会出现毒副作用。

③针灸治疗颈椎病疗效确切，不良反应小，但是操作不当也可能出现硬膜外出血（血肿）、脊髓损伤等并发症。术者应熟悉解剖结构，熟练掌握进针部位和深度，反复练习进针手感，丰富临床经验，否则盲目进针，有可能导致严重并发症的发生。

（八）犬膀胱麻痹症

1.简述犬膀胱麻痹症的病因与主要症状。

犬膀胱麻痹症有中枢性的、外周性的，临床上以外周性的多见。多因外伤或钙磷代谢失调，引起腰荐部外周神经受损，导致膀胱肌紧张度减弱或消失而致。

主要症状有尿失禁、尿淋漓，不能随意排尿，排尿障碍等。X光影像可见膀胱明显充盈（图1-43）。

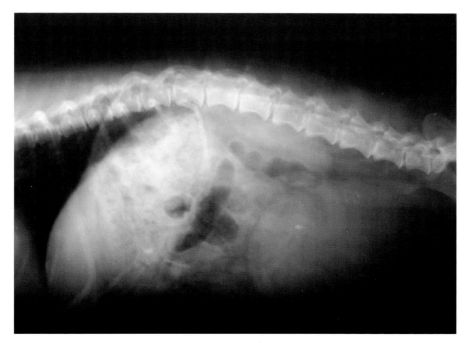

图1-43　犬膀胱麻痹症X光片

2.犬膀胱麻痹症的治疗原则是什么？如何治疗？

治疗原则：通经活络，补肾摄尿。

治疗方法：针药结合，在针刺穴位基础上进行穴位注射，并皮下注射兴奋外周神经和脊髓中枢神经的药物。

3.针灸治疗犬膀胱麻痹症取哪些穴位？

取百会穴、百会旁穴、命门穴、肾腧穴、膀胱腧穴（图1-44）、二眼穴、尾跟穴、后跟穴、后三里穴、后六缝穴。（参见腧穴篇）

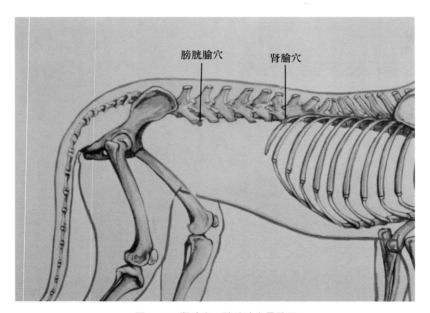

膀胱腧穴　　肾腧穴

图1-44　肾腧穴、膀胱腧穴骨骼图

4.电针治疗犬膀胱麻痹症时取哪些穴组？

电针治疗犬膀胱麻痹症时常取百会穴—后六缝穴（中）组，肾腧穴—后六缝穴（中）组，膀胱腧穴—后三里穴组。

5.如何运用穴位注射治疗犬膀胱麻痹症?

穴位注射治疗犬膀胱麻痹症时,在针刺基础上,选择百会穴、百会旁穴、肾腧穴、膀胱腧穴,注射穴位6号,除百会穴注射1~5 mL外,其余每穴注射0.3~0.5 mL。

6.犬膀胱麻痹症除了针灸治疗外,还常用什么药物治疗?

除了针灸治疗外,常配伍兴奋外周神经和脊髓中枢神经的药物,如甲钴胺注射液、硝酸士的宁注射液等,皮下注射或穴位注射。

7.犬膀胱麻痹症病案。

2004年2月3日在门诊收治一例6岁雄性藏狮犬,体重7.1 kg。两后肢瘫痪7 d,尿失禁5 d。输了4 d液,病情未见减轻,由于吃止痛药,引起胃痛,昨天整整吐了一夜。

临床检查:两后肢不能负重,完全不能行走。脚趾深部痛觉缺失,尿自流,完全失禁。喝水就吐。X光影像显示:胸椎第12~13椎体间隙狭窄、钙化,第1~2腰椎椎体间隙严重狭窄钙化,其余腰椎均有轻度钙化。诊断为膀胱麻痹症、截瘫、低钾血症。

治疗:(1)当天首诊:①针灸悬枢穴、命门穴、阳关穴、关后穴、百会穴、二眼穴、百会旁穴、尾根穴、尾尖穴、两侧肾腧穴、后跟穴、委中穴、后六缝穴,留针20 min。中间捻针1次。②百会穴、百会旁穴、肾腧穴、悬枢穴、命门穴注射穴位6号。除百会穴注射2 mL外,其余穴位均注射0.5 mL。③硝酸士的宁注射液0.4 mg,皮下注射。④氢溴酸加兰他敏注射液2 mg,皮下注射。⑤5%葡萄糖生理盐水溶液150 mL,25%葡萄糖注射液20 mL,18种氨基酸注射液10 mL,胃复安注射液(盐酸甲氧氯普胺注射液)10 mg,硫酸庆大霉素8万U,10%氯化钾注射液0.6 mL,混合静脉滴注。

(2)2月6日二诊:排尿能稍稍控制一点,呕吐明显减轻,治疗去掉静脉输液,其余同首诊。

(3)2月10日三诊:能站立一会儿,排尿基本控制。治疗同二诊。

(4)2月13日四诊:两后肢能歪歪扭扭行走,右后肢能够前伸挠痒,排尿趋于正常。治疗同二诊。

(5)2月20日五诊:排尿基本正常,行走自如,不予治疗。嘱犬主注意饲养管理,饲喂犬粮,补充钙质,不要剧烈运动。

1个月后电话追访,未复发。

【按语】

①该病例较复杂，病犬除患有膀胱麻痹症外，还有严重腰椎病引起的截瘫以及低钾血症。治疗以通经活络、补肾摄尿为主，辅以止吐、补钾、消炎药物，经过综合治疗，很快得到了康复。

②治疗中使用了硝酸士的宁注射液，该药对脊髓神经有较强的毒性作用，用于膀胱麻痹、截瘫有特效，但是其药性较烈，毒性较大，过量可引起惊厥甚至死亡。因此，在使用时需特别谨慎，以防意外。该药药效个性化很强，不同犬对其敏感程度大不一样，该药还容易产生蓄积作用，因此，用药过程中要随时观察其毒性反应。硝酸士的宁中毒时以苯巴比妥注射液解毒为最佳。

（九）犬髋关节半脱位症

1. 犬髋关节半脱位症的病因有哪些？

犬髋关节半脱位症的病因与犬的品种、遗传基因有密切关系。金毛猎犬、德国牧羊犬、纽芬兰犬、圣伯纳犬、贵宾犬等大型犬患病多因髋关节发育不良，髋臼窝变得扁平，而博美犬、鹿犬、吉娃娃犬、京巴犬、巴基度犬患病多因髋关节周围软组织松弛，呈现股骨头脱出于髋臼窝。

2. 犬髋关节半脱位症的主要症状有哪些？X光影像有什么变化？

犬患髋关节半脱位症时，主要表现为卧地以后起立困难，尤其是患侧后肢迟迟不能站起，行走瘸拐，腰背弓起，患侧后肢肌肉萎缩。X光背腹位片可见患侧髋关节模糊，股骨头突出髋臼窝1/4~1/3，髋关节间隙变窄（图1-45）。该病多发于5~8月龄的幼犬或老龄犬。

3. 犬髋关节半脱位症保守疗法的治疗原则是什么？如何治疗？

治疗原则：祛瘀通络，强筋壮骨。

治疗：采用针药结合，选择一侧或两侧大胯穴、小胯穴、环跳穴（图1-46，参见腧穴篇）进行针刺。在此基础上对上述穴位进行穴位注射。此外皮下注射甲钴胺注射液、氢溴酸加兰他敏注射液，以修补外周神经，提高肌紧张力。

4.犬髋关节半脱位症穴位注射疗法常用哪些药物？

犬髋关节半脱位症治疗时在患犬大胯穴、小胯穴、环跳穴注射穴位6号（见20页）。大型犬每穴0.5~1.0mL，小型犬每穴0.15~0.30 mL。

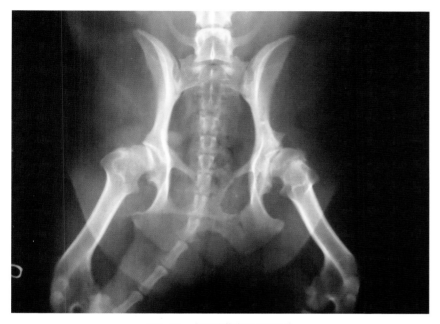

图1-45　犬髋关节半脱位X光片

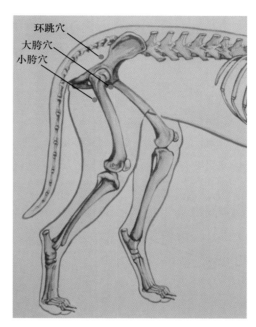

图1-46　大胯穴、小胯穴、环跳穴骨骼图

5.犬髋关节半脱位症病案。

2005年7月22日在门诊收治一例大麦町犬（斑点犬），雄性，年龄1岁多，病20多天。

临床检查：患犬卧下后左后肢不能自行起立，行走稍困难，左侧后肢大腿肌肉稍萎缩。X光影像显示：左髋臼窝变浅，内有增生钙化灶；左侧股骨头偏出臼窝约1/4；双侧股骨、膝关节、胫骨骨质尚可。诊断为犬髋关节半脱位症。

治疗：①左侧大胯穴、小胯穴、环跳穴注射穴位6号，每穴1 mL。②氢溴酸加兰他敏注射液2 mg，皮下注射。③甲钴胺注射液0.5 mg，皮下注射。1周后再进行一次穴位注射，基本痊愈。

【按语】

针灸治疗髋关节半脱位症属于保守疗法，一般能取得较满意的效果。但是有的病例与遗传因素有关，加之病情较严重，往往不能达到痊愈，有的还会复发，这时应当继续针灸治疗，如果多次治疗仍不能缓解，就必须采取髋关节置换手术治疗。

（十）犬后肢肌肉萎缩症

1.犬后肢肌肉萎缩症的主要症状有哪些？

犬患后肢肌肉萎缩症时，一侧或两侧后肢肌肉明显萎缩，一后肢不能负重，重症时后躯瘫痪，后肢脚趾深部痛觉严重缺失。X光影像可见腰椎椎管轮廓模糊，间隙狭窄，椎体钙化明显。

2.犬后肢肌肉萎缩症的治疗原则是什么？针灸时取何穴为主穴？何穴为副穴？

治疗原则：强腰疗痹，补气生肌。

主穴：百会穴、悬枢穴、命门穴、环跳穴、委中穴。（参见腧穴篇）

副穴：阳关穴、关后穴、二眼穴、尾根穴、尾尖穴、后三里穴、后跟穴、后六缝穴。（参见腧穴篇）

3.如何用穴位注射方法治疗犬后肢肌肉萎缩症？

将黄芪等药物注射到委中穴、环跳穴，每穴0.3~0.5 mL。

4.如何用电针方法治疗犬后肢肌肉萎缩症？

选百会穴—委中穴组、阳关穴—后六缝穴（中）组用电针进行治疗，使用低频、低电流强度疏密波或断续波，调节到出现有轻微刺激的肌电反应即可。一般电针治疗时间为10~20 min。

5.如何用气针方法治疗犬后肢肌肉萎缩症?

当犬患后肢肌肉萎缩症时，将经过消毒过滤的空气注射到犬后肢肌肉萎缩处，一边注射，一边用手将注入的空气均匀地推及皮肤干瘪处。一般注射10~30 mL。3~5 d注射一次。

6.犬后肢肌肉萎缩症病案。

2004年12月4日收治一例西施雄犬，3岁，体重6.25 kg。平时吃肉较多。病已有2个多月，在其他动物医院使用电针治疗5次，激光照射5次，穴位封闭7次，骨肽注射液注射5次，用过硝酸士的宁注射液0.1 mL。至今仍未见效。

临床检查：该犬右后肢肌肉明显萎缩，不能负重。患侧趾疼痛感觉迟钝，腰部时有疼痛。X光影像显示：胸椎第9～13椎体轮廓模糊，椎体间隙狭窄，轻度钙化。腰椎第1~3椎体之间明显钙化。诊断为后肢肌肉萎缩症。

治疗：①针灸：选悬枢穴、命门穴、阳关穴、关后穴、百会穴、二眼穴、尾根穴、尾尖穴、两后肢六缝穴、右侧后三里穴，留针20 min，中间捻针1次。②穴位注射一：复方当归注射液1 mL，维生素B_1注射液100 mg，维生素B_{12}注射液0.5 mg，复方氨林巴比妥注射液2 mL，混合后注于悬枢穴、命门穴各0.3 mL，百会穴1 mL。③穴位注射二：黄芪注射液0.5 mL，注于右侧后三里穴。④激光照射：8 mW氦氖激光穴位照射环跳穴30 min。⑤皮下注射：氢溴酸加兰他敏注射液1.25 mg。

用上法经5次治疗后基本痊愈，患犬跑跳自如，肌肉萎缩不明显。2005年1月8日复查X光影像显示，胸腰椎椎体轮廓清晰，胸椎第10～12椎体间隙变宽，钙化灶缩小。腰椎第1~3椎体间隙变宽，钙化灶明显缩小。

【按语】

犬后肢肌肉萎缩症一般疗程较长。本例经过短短的5次治疗即基本痊愈，是个个例。该病犬由于腰椎病导致右后肢长期不能负重，造成肌肉萎缩。因此，治疗时针灸悬枢穴、命门穴、阳关穴、关后穴、百会穴、二眼穴、尾根穴、尾尖穴等督脉上的腧穴以强腰疗痹，针对腰椎病为治本，同时运用黄芪注射液、氢溴酸加兰他敏注射液以及氦氖激光穴位照射，针对肌肉萎缩以治标，标本兼治，共达强腰疗痹、补气生肌的功效。这样经过5次针药结合治疗，患犬很快得到了康复。

二、针具及操作篇

1.宠物针灸时一般采用什么样的针具?

目前针灸一般采用市售的无菌针灸针,亦称毫针。

2.毫针由哪五部分组成?

毫针由针尖、针身、针根、针柄、针尾五部分组成(图2-1)。

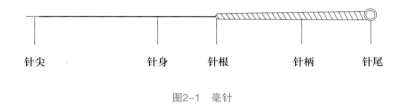

针尖　　　　　　针身　针根　　　针柄　　　针尾

图2-1　毫针

3.针灸前需要做哪些消毒准备?

①针具器械消毒。②医者手指消毒。③针刺部位消毒。④治疗室内环境消毒。

4.施针前如何检查毫针针具?

检查针尖:针尖有无卷毛或钩曲现象。

检查针身:针身有无弯曲或斑驳现象。

5.给宠物施针常用什么规格的毫针?

一般选用长13~25 mm、直径0.25~0.35 mm的毫针。另外还有50~70 mm长的毫针,多用于百会穴(大型犬)、大椎穴、委中穴等穴位。

6.给宠物针灸时如何进行保定?

目前经常采用的保定法有以下几种(图2-2):

  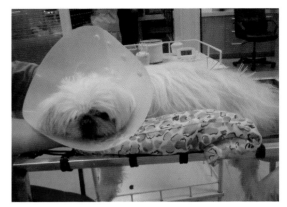

图2-2 针灸保定架

（1）网架保定法：将犬置于网架上，最好使其四肢悬空。网架的网应用质地柔软、结实的材料做成，这样对犬体不会造成伤害。此法适用于小型犬或幼犬。

（2）围巾保定法：选用较大的浴巾，叠成数层，围在颈部，然后在颈后拧成麻花状，使病犬不能回头或左右咬人。但注意不要拧得过紧。

（3）脖套保定法：用软硬适中的塑料薄板做成圆形脖套，套在颈部。在脖套上加2~3排子母扣，可按患犬颈部的粗细扣住。

（4）绷带保定法：将绷带先打一活套，然后将活套套在犬嘴上，活结置于犬下颌部位，适当拉紧，并将绷带两游离端系在耳后。

7.使用毫针时有哪几种进针方法？各适用于什么情况？

常用的毫针进针方法有以下几种（图2-3至图2-6）：

（1）指切进针法：以左手拇指指尖切压穴位，右手持针在切压处将针刺入，两手互相配合。适用于颈腰背侧的或肌肉较丰厚处的穴位，如百会穴、抢风穴等。

（2）提捏进针法：用左手拇指及食指将穴位皮肤提起，右手持针刺入。一般用于头部及皮肤较薄处的穴位，如开关穴等。

（3）舒张进针法：用左手拇指、食指将穴位两侧的皮肤撑开，使之绷紧，右手持针刺入。适用于所刺穴位处皮肤松弛或皮肤褶皱

图2-3 指切进针法

图2-4 提捏进针法

图2-5 舒张进针法

图2-6 夹持进针法

较多的犬，如沙皮犬。

（4）夹持进针法：用左手食指与拇指夹持毫针针体下端，右手持针刺入。此法固定针体较为牢固，临床上应用较普遍，常用于颈背部、腰背部的腧穴或大型犬的腧穴。

8.根据毫针进针角度的不同可分为哪三种进针方法？

进针角度是指进针针身与皮肤表面所构成的夹角，分直刺、斜刺、平刺三种。

（1）直刺：针身与皮肤表面呈90°或接近90°刺入，适用于腰背部或四肢肌肉丰满处的穴位，如悬枢穴、命门穴等。

（2）斜刺：针身与皮肤表面呈约45°刺入。适用于骨骼边缘或胸腹壁内有重要脏器的穴位，如心腧穴、肝腧穴等。

（3）平刺：针身与皮肤表面呈约15°刺入。多用于肌肉较浅薄处的穴位，如天门穴等。

9.针刺手法中何谓补法、泻法、平补平泻法？

（1）术者施针右手的拇指向前，顺时针方向捻转即针轴向前捻动，传统医学称为补法。

（2）术者施针右手的拇指向后，逆时针方向捻转即针轴向后捻转，称为泻法。补法和泻法都是针刺手法中的大法。

（3）术者施针右手的拇指、食指持针后前后各捻转3次为平补平泻法，为临床常用手法。

10.如何掌握毫针进针的深度？

根据犬的年龄、体质、膘情、病情、部位等方面综合考虑，确定进针的深度。一般对体重5 kg以下犬的进针深度为0.2~2 cm，5~10 kg犬的进针深度为0.3~3 cm，大型犬个别穴位可进针达5~10 cm。因此，进针深度差异很大，需灵活掌握。

11.针刺时留针起什么作用？一般需要留多长时间？

（1）留针的作用：一是候气。当取穴准确、入穴无误但无针感反应时，可不必起针，留针片刻或运用补泻针刺手法，即可出现针感。二是调气。针刺得气后，留针一定时间以保持针感，或间歇行针以增强针感。

（2）留针时间：一般为20 min。

12.针刺意外有哪些情况？应分别采取什么措施？

（1）弯针：用左手按压针下皮肤、肌肉，右手持针柄不捻转，顺弯曲方向将针取出。若弯曲较大，则需轻提轻按，两手配合，顺弯曲方向，慢慢地取出。切忌强力猛抽，以防损伤组织或折针。

（2）断针：用左手迅速紧压断针周围皮肤、肌肉，右手持镊子、止血钳或持针器夹住折断的针身拔出，若针断在肌肉层内，则行外科手术切开取出。

（3）晕针：立即起针停止针灸，使患犬安静，对症状重者，可针刺水沟穴、内关穴等。

（4）出血：轻者用消毒棉球或蘸止血药压迫止血。

（5）针孔感染：清洁针孔，排尽脓汁，再涂碘酒，必要时切开排脓。

13.什么叫电针疗法？它有什么特点？

将毫针刺入穴位，待出现针感后，在针体上接通脉冲电流、刺激穴位的治疗方法，称为电针疗法。

它的特点是：①节省人力，能替代人工运针。②刺激量大。③能够比较客观、准确地控制刺激量。④治疗范围广。

14.电针治疗应如何操作？

选择1~3对穴位，剪毛消毒后，将毫针刺入穴位，待得气后，将电针治疗仪（图2-7）导线的正、负极分别接在针柄上，选用适当的

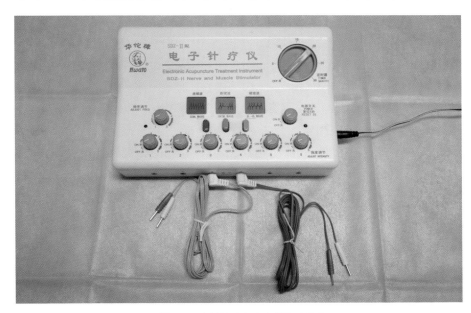

图2-7　电针治疗仪（电子针疗仪）

刺激波形，由小到大地调整治疗仪的输出频率和电流，以使患犬肌肉出现轻微节律性抽动为度。每次通电持续时间10~20 min。通电时间应根据病的情况掌握，一般不宜过长，如果过长，往往治疗效果适得其反。治疗结束时，先将输出电流和频率开关调至零位，再关闭电源，除去导线夹，起针消毒。

15.电针治疗时特别需要注意什么问题？

（1）应注意各旋钮先调至零位再接通电源。当动物骚动而致导线脱落时，必须先将电流和频率调至零位，再重新接通电源，并缓慢调整输出频率和电流至合适刺激量。

（2）严禁电流通路通过心脏或延脑（延髓）中枢等重要生命器官，以防意外。

（3）若患有严重心脏病，应慎用或不用电针治疗，以免加重心脏病。

16.目前临床应用的电针治疗仪使用什么输出电流？它有哪些适应症？

（1）电针治疗仪的电流是低频脉冲调制电流，波形有正脉冲和负脉冲两种。它具有良好的理化治疗作用。

（2）电针适应症基本和毫针相同，临床常用于治疗痛症、痹症、痿症、便秘、肌肉关节损伤性疾病等。

17.电针使用的连续波、疏密波、断续波各有什么不同的生理效应？

（1）连续波是脉冲波幅按锯齿形改变的起伏波，每分钟16~25次，有兴奋呼吸、提高神经肌肉兴奋性、改善气血循环等作用。由于波形单一，容易使机体产生适应。

（2）疏密波是疏波、密波自动交替出现的一种波形，疏、密波持续时间约各1.5 s，能克服单一波形易产生适应的缺点。疏密波刺激作用较大，治疗时兴奋效应占优势；能促进代谢，促进气血循环，改善组织营养，消除炎性水肿。常用于疼痛、扭伤、关节炎、颈椎病、腰椎间盘突出症、膀胱麻痹、肌无力等病症的治疗。

（3）断续波是有节律地时断时续自动调节出现的一种疏波，断的1.5 s时间内无脉冲电流输出，接着的1.5 s时间内输出疏波。机体对断续波不易产生适应，因此断续波刺激作用较强，能提高肌肉组织兴奋性，对横纹肌有良好的刺激收缩作用。常用于腰椎间盘突出症、颈椎病及四肢瘫痪、膀胱麻痹、肌无力等病症的治疗。

18.什么叫穴位注射疗法？它有什么特点？

（1）穴位注射疗法是一种针刺与灭菌药液相结合的疗法，它是将灭菌药液注射于穴位或痛点的一种治疗方法，常简称为水针疗法。

（2）穴位注射疗法的特点是通过针刺和药物对腧穴的双重刺激作用调整机体的机能和改变其病理状态，达到防病治病的目的。

19.穴位注射疗法应如何操作？

穴位注射疗法可根据治疗需要选择适宜的注射穴位或患部痛点。

（1）穴位注射：选择合适的穴位，按毫针的进针方法，遵照无菌操作规则，局部消毒后注入药液（图2-8）。在注射前必须回抽一下针管，检查针管内是否有血液，若无血液，即可直接注入。

（2）痛点注射：对痛点按无菌操作规则进行肌内注射。

20.穴位注射疗法经常使用什么药物？哪些药物不能作为穴位注射药物使用？

（1）穴位注射疗法经常使用的药物有注射用氨苄西林钠、地塞米松注射液、维生素B$_1$注射液、维生素B$_{12}$注射液、当归注射液、复方氨林巴比妥注射液、盐酸普鲁卡因注射液、柴胡注射液、葡萄糖注射液等。

（2）凡对机体刺激性较强的药物用于穴位注射时应慎重，如维生素C等。

21.什么叫气针疗法？它有什么特点？

（1）向穴位内送入适量的经过消毒过滤的空气，利用气体对腧穴或组织产生轻柔的刺激，使该部位的末梢神经和血管兴奋，从而改善机体局部血液循环和营养，增强其新陈代谢来治疗疾病的方法，称为气针疗法。

（2）气针疗法的特点是：对神经麻痹、肌肉萎缩、腰背风湿、泻痢等慢性病症有独特的疗效。

气针针具如图2-9所示，在一个消毒后的空瓶内放入酒精棉球，瓶口密封，外插一个消毒注射针头，针头伸入棉球中。抽取空气时，注射器的针头插入瓶口，但不伸入棉球，这样抽取的就是经过消毒的空气。

22.在什么情况下使用气针疗法？

患有神经麻痹、肌肉萎缩、腰背风湿等慢性病时使用气针疗法。局部或全身有皮肤感染时禁用。

23.气针疗法应如何操作？

（1）注射器送气法：严格遵照无菌操作规则，将经过消毒过滤的净化空气用注射器注入患病部位或穴位。注射空气时，一边注射一边将注入的空气推揉到所需要的部位。一般一周治疗1~2次。注射时应避开血管，严禁将空气注入血管内。

（2）提皮进气法：首先将穴位处剪毛消毒，用小宽针刺破皮肤后，术者双手配合，用力提起穴位周围皮肤，随即放松，如此一提一松反复数次，空气随之通过针孔而进入被提起的穴位皮下；然后用一手堵住针孔，另一手将进入的空气逐步挤压至患病部位，使该部充满空气；最后用碘酊消毒并用药膏封闭针孔。此法多用在大动物身上。

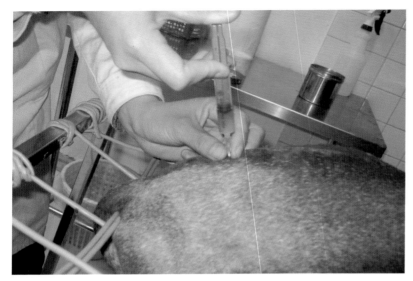

图2-8　穴位注射

图2-9　自制气针针具

24.什么叫激光穴位照射疗法（光针疗法）？

　　利用激光束照射动物一定穴位或患部以治疗疾病的方法称为激光穴位照射疗法，或称光针疗法。

25.目前临床上光针治疗常使用的是哪种激光器？

　　目前临床上常用的是氦氖激光器（图2-10）与半导体激光器等。

26.氦氖激光器由哪三大部件构成？它的工作原理是什么？

　　（1）激光器的构成：

　　①能实现能级间粒子数反转的工作物质，即氦-氖气，氦为辅助气体。

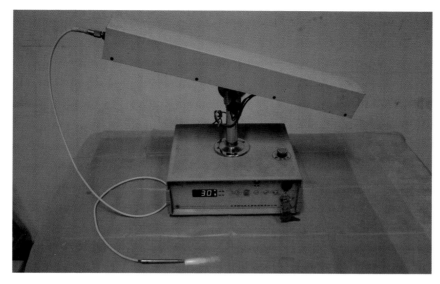

图2-10　氦氖激光器

②激励电源，即能够激发工作物质实现能级间粒子数反转的高压电源（约5 000 V）。

③光学共振腔，最简单的光学共振腔是由放置在氦氖激光器两端的两个相互平行的反射镜组成的。

（2）激光器的工作原理：

①氦氖激光器中，在激励电源的作用下，通过氦原子的协助，使氖原子的两个能级实现粒子数反转。

②一些氖原子在实现了粒子数反转的两能级间发生跃迁时辐射出平行于激光器方向的光子，这些光子将在两反射镜之间来回反射，不断地引起受激辐射，产生出相当强的激光。

27.光针疗法如何进行操作？

先进行穴位消毒，然后打开激光器电源开关，出光后激光束对准穴位聚焦照射，根据激光器功率大小和疾病需要，每穴照射

2~10 min，一次治疗照射时间为10~20 min。一般每日或隔日照射一次，5~10次为一疗程。

28.光针疗法要注意哪些问题？

（1）治疗人员应佩戴激光防护眼镜，防止激光及其强反射光伤害眼睛，禁止对眼部及其周围的穴位照射；

（2）开机严格按照操作规程，防止漏电、短路及其他意外事故发生；

（3）随时注意患病动物的反应，及时停止；

（4）激光照射具有累积效应，应掌握好照射时间和疗程。

29.光针疗法具有哪些特点？

激光具有亮度高、单色性好、方向性优、相干性好等特点。氦氖激光的波长为632.8 nm，是一种穿透力较强而热效应较弱的红光，较不可见光使用方便。与传统针灸相比，无疼痛刺激、折针、断针、滞针等弊病。

30.光针疗法适用于哪些病症？

适于针灸治疗的动物各种疾病，均可用激光穴位照射治疗。这种治疗方法尤其适用于对针刺疼痛敏感的穴位如内关穴等，特别是对心力衰竭、四肢扭伤、捻挫伤、神经麻痹症、瘫痪、下颌关节障碍症、便秘、腹泻、消化不良、不孕症和乳腺炎等有良好的治疗效果。

三、腧穴篇

犬的全身骨骼、大体解剖结构及主要腧穴见图3-1至图3-8。

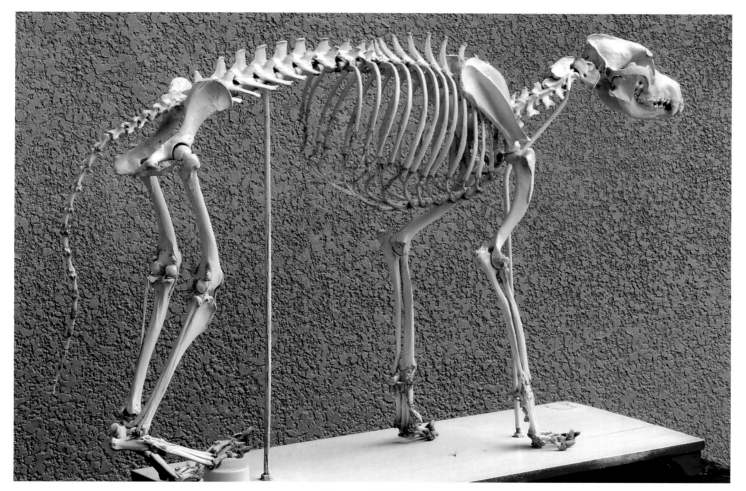

图3-1　犬全身骨骼

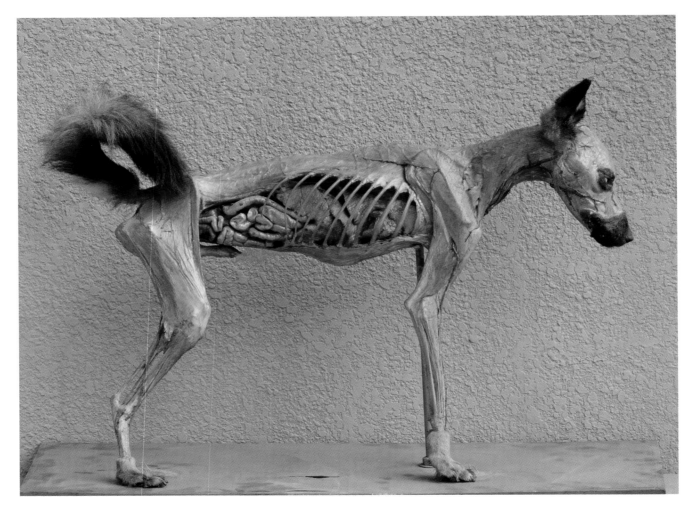

图3-2　犬全身肌肉及胸腹脏器（右）

图3-3 犬全身肌肉及胸腹脏器（左）

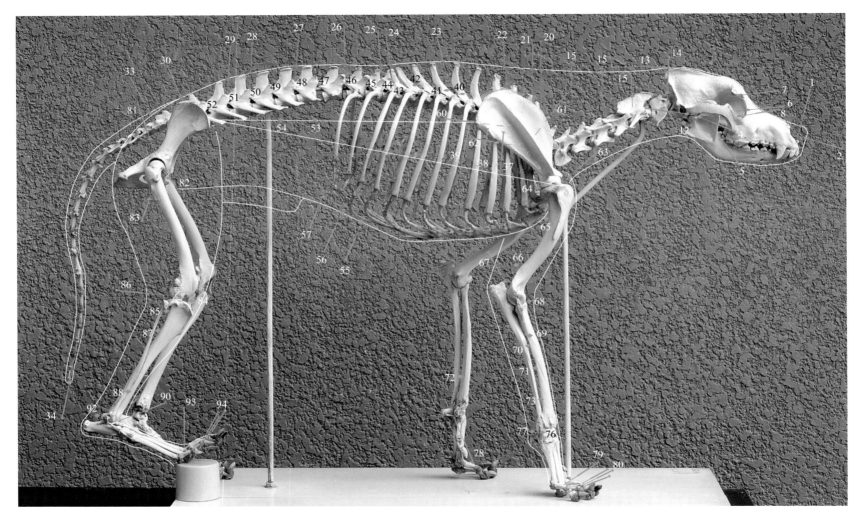

图3-4　犬全身骨骼和部分腧穴（腧穴编号与正文同）

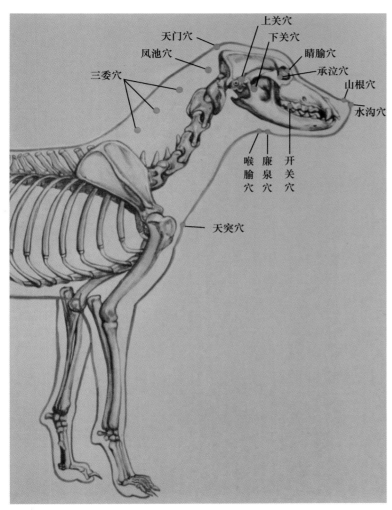

图3-5 犬头颈部主要腧穴

上关穴
天门穴
下关穴
凤池穴
晴腧穴
三委穴
承泣穴
山根穴
水沟穴
喉腧穴
廉泉穴
开关穴
天突穴

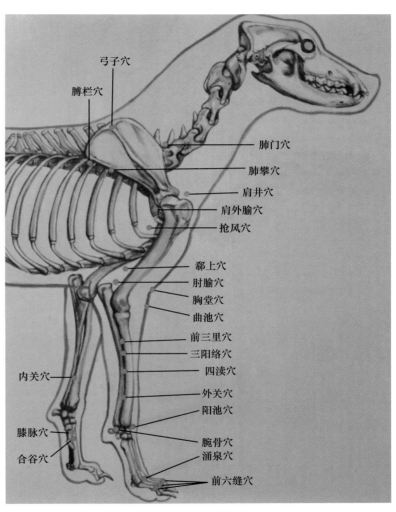

图3-6 犬前肢腧穴

弓子穴
膊栏穴
肺门穴
肺攀穴
肩井穴
肩外腧穴
抢风穴
郄上穴
肘腧穴
胸堂穴
曲池穴
前三里穴
三阳络穴
内关穴
四渎穴
外关穴
阳池穴
膝脉穴
腕骨穴
合谷穴
涌泉穴
前六缝穴

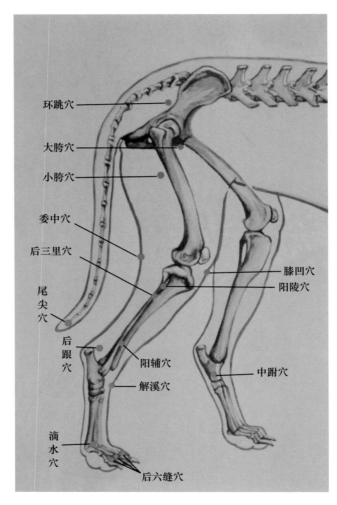

环跳穴
大胯穴
小胯穴
委中穴
后三里穴
尾尖穴
后跟穴
滴水穴
后六缝穴
膝凹穴
阳陵穴
阳辅穴
解溪穴
中趾穴

图3-7　犬后肢腧穴

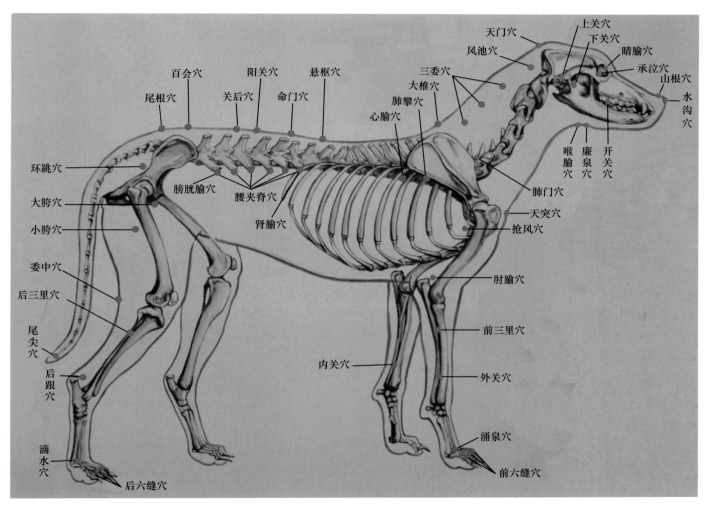

图3-8　犬主要腧穴

（一）头颈部腧穴

1.山根穴

【穴名释义】山居高处，根在其下。鼻梁位高，该穴位居鼻梁下端，故名。

【体表定位】鼻背正中线上，鼻梁末端，有毛无毛交界处，单穴。见图3-9。

【解剖结构】位于两侧鼻唇提肌止点间鼻背侧连线中点，有眶下神经鼻外侧支和鼻背侧动、静脉分布。

【针刺方法】毫针直刺0.3～0.8 cm。

【功能主治】升阳救逆，疏风解表，清热解暑。主治中暑、感冒、发热、昏迷。

【实验研究】据报道，针刺动物（兔、猫、犬）的素髎穴（即山根穴）、水沟穴、会阴穴，可引起呼吸即时性增强，而针刺素髎穴和水沟穴时，呼吸功能增强的发生率和增强程度都较针刺会阴穴为高。（邱茂良.针灸学.人民卫生出版社，1985:122）

2.水沟穴（人中穴）

【穴名释义】在人，此穴在鼻下人中沟上1/3点，穴处犹如涕水之沟渠，故名。

【体表定位】上唇唇沟的上1/3处，单穴。见图3-9。

【解剖结构】位于两侧鼻唇提肌止点鼻孔腹侧连线中点与口轮匝肌背侧联合之间，有上唇动、静脉和眶下神经上唇支及眼神经的筛神经支分布。

【针刺方法】毫针直刺0.3～0.5 cm。

【功能主治】醒脑，镇痫，解暑。主治昏迷、癫痫、中暑。

【实验研究】（1）对3只因急性实验中窒息、呼吸停止、血压为零的犬捣刺水沟穴，其中2只在捣刺3～5 min后开始自主呼吸，血压逐渐上升，终于复活。（佘蕴山.针刺水沟穴对实验性低血压的作用.吉林大学学报（医学版），1959（4）：48）

（2）针刺犬人中穴可使胃的运动频率和收缩波的振幅均明显减少，随针刺的延续，抑制效应更明显，在捻针20 min后针效最好；起针后10 min内仍有抑制作用；针刺人中穴抑制胃运动过程中，血浆胃泌素含量显著下降，起针后30 min回升至正常，针刺非穴位无此效果；针刺使胃壁G细胞胃泌素贮存增多而释放减少。（周吕.针刺"人中"

穴抑制胃运动过程中血浆胃泌素及胃壁G细胞胃泌素含量变化．生理科学，1986，6（5）：357–358）

（3）采用暂时性脑缺血再灌注雄性SD大鼠模型和组织化学、细胞标记等试验技术，观察神经细胞死亡和一氧化氮合酶（NOS）水平的变化。实验结果表明：暂时性脑缺血再灌注时脑内NOS表达显著增加，且引起延迟性细胞死亡，包括坏死与凋亡。电针大鼠人中穴（水沟穴）、百会穴（相当于犬天门穴），可明显减少神经细胞坏死，在存活细胞增多的基础上，TUNEL（原位末端转移酶标记技术）阳性细胞的比例有所增加；与此同时，电针亦使脑内NOS表达显著减弱，提示电针具有神经保护作用，且可能与其下调NOS、减少NO的过量生成有关。（董裕等．针刺对暂时性脑缺血脑内一氧化氮合酶及神经细胞死亡的影响．针刺研究，2000，25（1）：8–12）

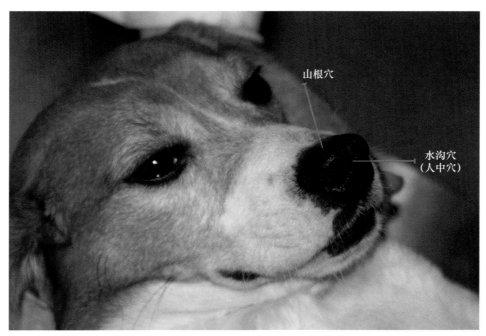

图3-9　山根穴、水沟穴

3.上关穴

【穴名释义】耳前称关，穴在颧弓内侧，下颌关节后上方，与下关穴相对，故名。

【体表定位】下颌关节正后方稍偏上的凹陷中，左、右侧各一穴。见图3-10。

【解剖结构】表层为颈皮肌；深层前缘为锁颈肌，上缘为面神经，后缘为腮腺，下缘为腮腺管、面神经腹侧支和颈支；更深层为颞肌。有耳睑神经颧支和上颌动、静脉及颞浅动、静脉分布。

【针刺方法】使患犬嘴张大，毫针向前并稍向内下方，刺入颞下颌关节内。

【功能主治】祛风解痉，通络开关。主治歪嘴风、下颌关节障碍、耳聋。

【实验研究】电针大鼠上关穴或下关穴均可激活中缝大核（NRM）神经元，并抑制由牙髓及尾尖伤害性刺激引起的反应，但对牙髓伤害性反应的抑制作用较强（约60%，持续5～10 min），而对尾尖伤害性反应无明显的抑制作用或仅30%。电针阳陵泉穴或足三里穴也可激活NRM神经元并抑制两种伤害性反应，但对尾尖伤害性刺激反应的抑制作用比对牙髓的强，前者为40%～60%，持续30 min，后者为40%，持续5～10 min。（刘乡．穴位相对特异性与经络或神经节段关系的实验研究．针刺研究，1995，20（1）：54-58）

4.下关穴

【穴名释义】穴在下颌关节前下方，与上关穴相对，故名。

【体表定位】下颌关节正前方稍偏下的凹陷中，左、右侧各一穴。见图3-10。

【解剖结构】表层为颈皮肌，深层为锁颈肌，前缘有面横动脉，上缘为面神经背侧支，后缘为面神经腹侧支，下缘为腮腺管。有面横动、静脉分布及颊背神经及颊腹神经分布。

【针刺方法】使患犬嘴张大，毫针斜向内后上方刺入关节；或艾灸。

【功能主治】祛风解痉、通络开关。主治歪嘴风、下颌关节障碍、耳聋。

【实验研究】针刺下关穴对枕大池二次注血法复制蛛网膜下腔出血后脑血管痉挛模型犬的进食量、神经功能改善明显，使大脑中动脉、基底动脉直径明显扩张，且大脑中动脉血流速度加快，由此推断，针刺下关穴能改善犬蛛网膜下腔出血性脑血管痉挛。（葛建伟等．针刺下关穴对蛛网膜下腔出血后症状性脑血管痉挛的影响．上海中医药大学学报，2010，24（4）：79-82）

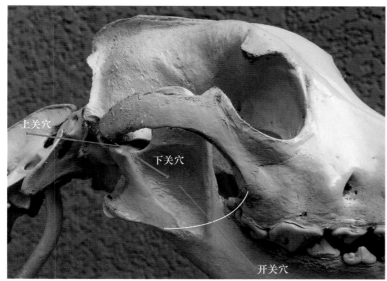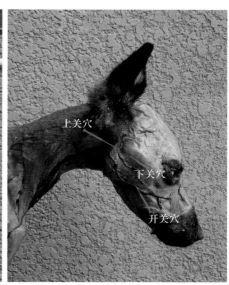

图3-10　上关穴、下关穴、开关穴

5.开关穴

【穴名释义】穴在下颌关节前下方，功能通利下颌关节，故名。

【体表定位】咬肌前缘中点处，左、右侧各一穴。见图3-10。

【解剖结构】位于颊部，穴区有咬肌、颊肌，有面动、静脉及颊神经、颊下神经分布。

【针刺方法】毫针向后上方平刺1～4 cm，刺入咬肌内。

【功能主治】祛风活络，通利关节。主治歪嘴风、下颌关节障碍。

6.睛明穴

【穴名释义】穴在内眼角，近于睛，有明目之功，故名。

【体表定位】内眼角，上、下眼睑交界处，左、右眼各一穴。见图3-11。

【解剖结构】在内眼角眼轮匝肌处，有眼角动、静脉和滑车下神经分布。

【针刺方法】左手外推眼球，右手持毫针，直刺0.5～1 cm。勿伤眼球。

【功能主治】退翳明目，消肿止痛。主治目赤肿痛、眵多流泪、睛生云翳。

【实验研究】选用4周龄健康幼猫18只，采用单侧眼睑缝合的方法建立剥夺性弱视动物模型。动物随机分为正常组、模型组、治疗组，每组6只。正常组不缝合。模型组不做任何治疗。治疗组于术后第一天开始，取睛明穴、承泣穴、球后穴、攒竹穴进行针刺治疗，各穴交替使用，每日1次，10次为一疗程，疗程间隔2 d，治疗9个疗程。治疗结束后，各组动物均进行超微结构观察和免疫组化研究。结果发现：模型组视皮质神经元出现退行性病变，治疗组病变情况有不同程度改善。模型组动物视皮质、外侧膝状体、视网膜神经节细胞脑源性神经营养因子（BDNF）的数密度和积分光密度与正常组比较明显降低（$P<0.01$），而治疗组具有显著的上调作用（$P<0.01$）。表明针刺可逆转剥夺所造成的神经元退变，有利于神经元传导功能的恢复及突触传递的重建。针刺对剥夺效应的拮抗作用是通过影响神经营养因子的合成和分泌来实现的。（王洪峰等. 针刺拮抗弱视剥夺效应与脑源性神经营养因子相关性的研究. 针刺研究，2005，30（4）：208-211）

7.睛腧穴

【穴名释义】"腧"，有气血出入输转之意。穴处上眼眶下缘，主治目疾，故名。

【体表定位】上眼睑正中，眶上突下缘，穴在眼球与眶骨下缘之间，左、右眼各一穴。见图3-11。

【解剖结构】上眼睑正中，眶上突下缘，穿过眼轮匝肌，刺入眼鞘与眶骨膜之间，有额动、静脉和额神经分布。

【针刺方法】穴位注射治疗。左手拇指下压眼球，右手持注射器，沿上眼眶下缘直刺0.3～0.8 cm，注入药物。勿伤眼球。

【功能主治】清肝明目，消肿退翳。主治目赤肿痛、睛生云翳、白内障。

【实验研究】采用L-Buthionine-（S.R）-Sulfoximine（BSO）药物诱发新生幼鼠晶状体内谷胱甘肽的耗竭，形成双侧白内障，研究白内障形成与晶状体内谷胱甘肽水平的相关性。实验幼鼠随机分成空白对照组、药物致障组、针刺治疗组，治疗组在BSO药物皮下注射前30min给予针刺治疗，穴位为双侧的球后穴（相当于犬睛腧穴）、睛明穴、瞳子髎穴、承泣穴、太阳穴。新生鼠诞生第9天加上第17天全部致障率综合统计数据提示，空白对照组的致障率为0（0/18）；药物致障

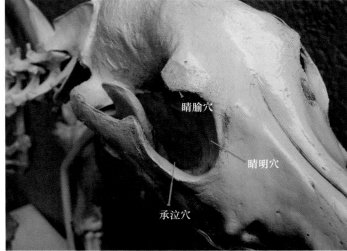
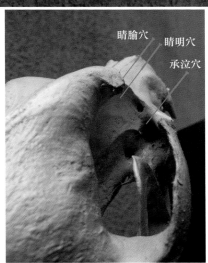

图3-11　睛明穴、睛腧穴、承泣穴

组的致障率为88.89%（16/18），其第9天的氧化谷胱甘肽含量水平比空白对照组显著下降（$P<0.001$）；针刺治疗组的致障率为21.4%（3/14），其中第9天的致障率为0（0/5），第17天的致障率为33.3%（3/9），与药物致障组比较有显著差异（$P<0.05$），其晶状体内的谷胱甘肽含量，第17天也比第9天极度升高（$P<0.001$），同时也与空白对照组及药物致障组有显著差异（$P<0.05$）。氧化型谷胱甘肽含量，除空白对照组第17天与第9天有显著差异（$P<0.05$）外，另外两组并无显著差异。说明针刺确实可以提高晶状体内谷胱甘肽含量，具有阻抑BSO药物对晶状体内谷胱甘肽的耗竭和临床防治早期白内障形成的作用。（李忠仁. 针刺阻抑幼鼠白内障形成及晶体谷胱甘肽耗竭的研究. 针刺研究，2000，25（3）：193-197）

8.承泣穴

【穴名释义】穴名来源于人，本穴在目下，承接泣泪之处，故名。

【体表定位】下眼眶上缘中点，左、右眼各一穴。见图3-11。

【解剖结构】位于眼结膜与球结膜间的结膜穹隆处，浅层为眼轮匝肌，深层为眼球下直肌和眼球缩肌，有动眼神经和外展神经分布。

【针刺方法】穴位注射治疗。左手拇指上推眼球，右手持注射器，沿眼眶上缘直刺0.3～0.8 cm，注入药物。勿伤眼球。

【功能主治】清肝明目，消肿退翳。主治目赤肿痛、睛生云翳、白内障。

【实验研究】针刺幼猫承泣、睛明等穴，可改善动物视皮质神经元退行性病变。（参见睛明穴）

9.耳尖穴

【穴名释义】据穴处解剖部位命名。

【体表定位】耳尖部的静脉血管上，左、右耳各一穴。见图3-12和图3-13。

【解剖结构】耳郭背侧耳静脉上，有耳动脉并行，有耳后神经分布。

【针刺方法】将毫针或小三棱针点刺出血。

【功能主治】清热解毒。主治中暑、感冒、腹痛、耳肿。

10.角孙穴

【穴名释义】孙，支别之络。穴当耳上角，在人手少阳经之脉别行之处，故名角孙。

【体表定位】向上轻提耳朵，耳根背侧皮褶线前部的凹陷中，左、右耳各一穴。见图3-12和图3-13。

【解剖结构】浅层为盾间肌及颈盾肌，深层有顶盾肌、颈耳大深肌、颈耳小深肌、颞肌，有耳颞神经等下颌神经的分支，有颞浅动、静脉耳前支及上颌动、静脉等分布。

【针刺方法】左手轻提耳朵，使皮褶线变清晰，固定穴区皮肤，右手持针，直刺0.3~1.2 cm。

【功能主治】活血止痛、明目。主治目赤肿痛、耳部肿痛、颈椎病。

11.颅息穴

【穴名释义】穴在耳后头颅处，在人主治小儿癫痫、喘不得息，故名。

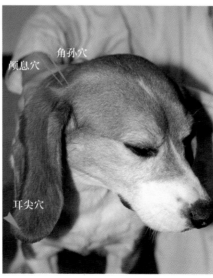
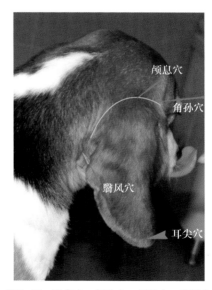

图3-12 耳尖穴、角孙穴、颅息穴   图3-13 耳尖穴、角孙穴、颅息穴、翳风穴

【体表定位】位于耳壳背侧弧线的前1/3处，左、右耳各一穴。见图3-12和图3-13。

【解剖结构】位于盾状软骨中部，浅层为盾间肌及颈盾肌，深层有顶盾肌、颈耳大深肌、颈耳小深肌、颞肌，有耳大神经、枕小神经、面神经耳后支，耳后动、静脉的耳支分布。

【针刺方法】左手轻提耳朵，使皮褶线变清晰，固定穴区皮肤，右手持针，直刺0.3~1.2 cm。

【功能主治】活血止痛、定惊。主治头痛、耳聋、颈椎病。

12.翳风穴

【穴名释义】翳，意屏蔽。在人，本穴位于耳后，比喻以耳为穴区蔽风，故名。

【体表定位】耳基部下颌关节后下方，乳突与下颌角之间的凹陷中，左、右侧各一穴。见图3-13和图3-14。

【解剖结构】浅层为腮耳肌，位于腮腺和下颌腺上、颈静脉的分支处；深层有颈突咽肌、二腹肌等，并有颈内动脉与颈外动脉的分支。有颞浅动、静脉分布，并有面神经干穿出。

【针刺方法】毫针直刺0.3~1.2 cm。

【功能主治】聪耳明目，疏风解表。主治口眼歪斜、耳聋、颈椎病。

【实验研究】（1）日本大耳白兔120只，随机分为假手术组（切开左侧面部皮肤后缝合）、模型组（造模后不给任何处置）、西药组（造模后给予维生素B_1、维生素B_{12}、地塞米松）、传统针刺组（造模后手针针刺翳风穴、颧髎穴、地仓穴、颊车穴、四白穴、阳白穴）、电针刺激组（造模后电针刺激，穴同传统针刺组），每组分为术后7、14、21、28 d 4个时间组。应用神经卡压法造成面神经损伤模型。采用伊红染色的方法光镜下观察面神经核中神经元细胞形态的改变，用原位杂交方法对面神经核BDNF mRNA表达阳性神经元进行染色，并用阳性细胞表达数定量分析。结果显示：3个治疗组均有随治疗时间的延长而BDNF mRNA表达增高的趋势（$P<0.01$），穴位电针刺激后伊红染色可见神经元细胞变性、坏死现象比模型组、西药组、传统针刺组明显改善，且电针刺激组兔面神经核中BDNF mRNA的表达明显多于其他4组（$P<0.01$），显示穴位电针刺激对损伤的面神经修复有促进作用。（孙忠人等．穴位电针刺激对周围性面神经损伤兔面神经核中BDNF mRNA表达的影响．针刺研究，2006，3（4）：204-207

（2）采用同龄成年健康的新西兰兔50只，随机分为针刺组和对照组，每组25只，均在3%的戊巴比妥钠静脉麻醉下分离暴露面神经上颊支，在手术放大镜下切断神经，用硅胶管将两断端嵌入并缝合固定，形成再生室。针刺组于

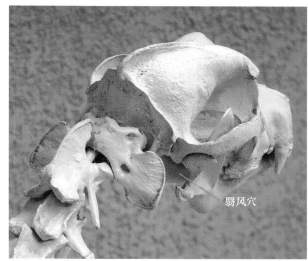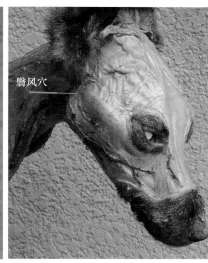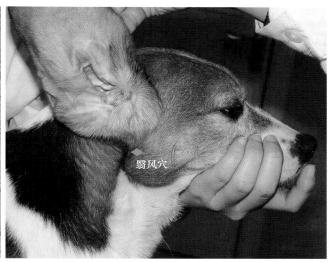

图3-14　翳风穴

术后当天完全醒后开始接受电针翳风穴、地仓穴、颊车穴、合谷穴治疗，每日1次，对照组术后不做任何处理。术后3、5、7、10、14 d分别处死10只动物，针刺组与对照组各5只。抽取再生室内液体，两组对照。结果显示：在伤后3～7 d，针刺组和对照组再生室内神经生长因子（NGF）浓度差别无显著性（$P>0.05$）；第10天和第14天，针刺组再生室内NGF浓度比对照组高（$P<0.01$）。伤后第7天，针刺组和对照组再生室内NGF浓度均达到峰值，但对照组在伤后2周开始降低，针刺组仍保持在较高的水平。显示电针翳风穴等穴位有提高面神经损伤后再生微环境中NGF浓度和维持平稳水平的作用，这可能是电针刺激促进周围神经再生机理的一个方面。（吴滨等. 电针对面神经损伤后再生室中神经生长因子的影响. 针刺研究，2003，28（1）：30-32）

13.天门穴

【穴名释义】头为天，本穴主治头部疾患，故名。

【体表定位】枕骨嵴后端，单穴。见图3-15。

【解剖结构】位于枕寰关节前方的枕骨嵴处。刺入盾间肌、颈耳大深肌，有枕大神经的分支分布。

【针刺方法】毫针，沿枕骨嵴向前平刺1~4 cm，或艾灸。

【功能主治】安神镇惊。主治发热、脑炎、抽搐、惊厥。

【实验研究】采用反复夹闭双侧颈总动脉—再灌注造成血管性痴呆大鼠模型。将50只健康Wistar大鼠随机分为空白组、模型组、温通针法组、捻转针法组、药物组，每组10只。温通针法组和捻转针法组分别于大椎穴、百会穴（相当于犬天门穴）、水沟穴施以温通针法（左手食指或拇指切按穴位，右手持30号毫针垂直刺入穴内，候气至，针下有沉紧感，左手加重压力，右手拇指用力向前连续捻按9次，使针下继续沉紧，针尖拉着有感应的部位连续小幅度重插轻提9次，拇指再向前连续捻按9次，针尖顶着有感应的部位推弩守气，使针下继续沉紧，同时压手施以关闭法，以促使针感的传导，然后慢慢将针拔出，按压穴孔，每穴操作60 s）和捻转针法（将针刺入穴位，得气后施以前后捻转的手法，指力均匀，角度适当，约180°，不单向捻动，每穴操作60 s），每日1次，共15次。药物组给予尼莫地平悬混液灌胃。各组大鼠经治疗、跳台实验结束后，断头处死，右侧脑组织切片，HE染色，光镜下观察海马区脑组织细胞病理形态的改变。①行为学测试：温通针法组、捻转针法组和药物组潜伏期及错误次数明显少于模型组（$P<0.01$，$P<0.05$）;温通针法组与捻转针法组比较有显著性统计学差异（$P<0.01$，$P<0.05$）。②形态学结果：捻转针法组胶质细胞有增生，但较模型组少，神经细胞数量减少有所改善；温通针法组海马CA1区未见核固缩，胶质细胞数量增生不明显，细胞数量明显增多，CA1区细胞排列较模型组整齐，形态较正常，接近空白组。（杨晓波等. 温通针法对血管性痴呆大鼠行为学及脑组织病理变化的影响. 针刺研究，2007，32（1）：29-33）

14.风池穴

【穴名释义】穴处凹陷似池，为治风证之要穴，故名风池。

【体表定位】枕骨大孔两旁，寰椎翼前缘上方的凹陷处，左、右侧各一穴。见图3-15。

【解剖结构】位于颈耳肌、颈皮肌之间，浅层为臂头肌，深层为菱形肌、夹肌、头半棘肌、头背侧大直肌、头前斜肌、头后斜肌等，有枕小神经和枕动、静脉的分支，深层有枕下神经等结构。

【针刺方法】毫针直刺0.4~2 cm。

【功能主治】祛风除湿、聪耳明目。主治感冒、颈椎病、癫痫、目赤肿痛。

【实验研究】成年SD大鼠30只随机分为三组（每组10只）：癫痫模型组、电针组、正常对照组。电针组每天电针大鼠风池穴、百会穴（相当于犬天门穴）30 min，电针频率100 Hz，电流6 mA,连续治疗7 d。采用氨基酸自动分析仪测定脑内氨基酸含量。结果发现：癫痫模型组脑内兴奋性氨基酸谷氨酸（Glu）、抑制性氨基酸甘氨酸（Gly）升高明显（$P<0.05$）；而抑制性氨基酸γ–氨基丁酸（GABA）降低明显（$P<0.01$）。经电针治疗后γ–氨基丁酸（GABA）、丙氨酸（Ala）含量明显升高（$P<0.01$、$P<0.05$），而Glu降低明显（$P<0.05$）。因此认为，电针抗癫痫的作用可能与脑内Glu、GABA及Ala的变化有关。（杨帆等．电针对戊四唑点燃型癫痫大鼠脑内氨基酸含量的影响．针刺研究，2002，27（3）：174–176）

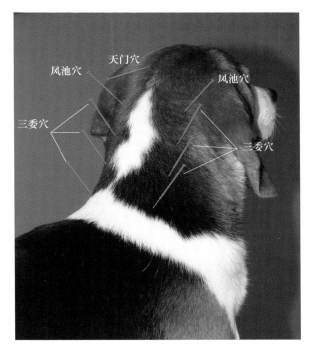

图3-15　天门穴、风池穴、三委穴

15.三委穴

【穴名释义】穴名来源于马的九委穴。

【体表定位】寰椎翼至大椎穴间，距背正中线1～2 cm处，连一弧线，将弧线分为4等份，则弧线上的3个分界点为三委穴。左、右侧各三穴。见图3-15。

【解剖结构】浅层为颈皮肌、锁颈肌、颈斜方肌，深层为菱形肌、夹肌、颈腹侧锯肌，更深层为头半棘肌、头棘肌、颈棘肌及项韧带。有颈深动、静脉和颈神经背侧支分布。

【针刺方法】毫针稍斜向内下方，直刺0.8～3 cm。

【功能主治】舒筋活血，疏风解表。主治颈椎病、颈风湿症。

16.廉泉穴

【穴名释义】廉，指边缘，清静之意；泉，指泉水。刺激该穴，舌下津液源源不断渗出，故名。

【体表定位】下颌腹侧正中线上，舌骨前缘的凹陷中。单穴。见图3-16。

【解剖结构】浅层为颌下浅筋膜覆盖的下颌舌骨肌，有面神经和颈横神经的分支分布；深层为颏舌肌，有舌动、静脉的分支及舌下神经的分支和下颌舌骨肌神经等分布。

【针刺方法】将患犬头上仰，暴露穴区，毫针直刺0.8～2.5 cm。

【功能主治】利舌通咽，通经活络。主治舌运动障碍、下颌关节障碍。

17.喉腧穴

【穴名释义】据穴位解剖部位命名。

【体表定位】腹正中线上，第3、4气管软骨环之间。单穴。见图3-16。

【解剖结构】颈部第3气管软骨环的腹侧，即两侧胸骨舌骨肌之间，有颈动、静脉的分支，颈神经的腹支和交感神经的分支分布。

【针刺方法】穴位注射治疗。将患犬仰卧保定，头颈后仰，左手固定气管，右手持针，刺入气管内。

【功能主治】降肺气，通利咽喉。主治咳喘、咽喉肿痛、异物性肺炎。

18.天突穴

【穴名释义】天，在上为天，脾气通于天；突，古代灶旁的出烟口。该穴在胸骨上窝正中，内为喉咙，通于鼻，呼吸自然之气，
故名。

【体表定位】腹正中线上，胸骨柄前窝正中处，单穴。见图3-16。

【解剖结构】颈浅表括约肌腹侧正中线末端，浅层为左右胸头肌胸骨起点之间深筋膜，深层为左右胸骨甲状舌骨肌之间深筋膜，直
至气管。深层有甲状腺后静脉等分布。

【针刺方法】毫针，沿腹正中线，向后下方，在胸骨柄背侧和胸膜之间，刺入0.8~3 cm。勿刺破胸腔。

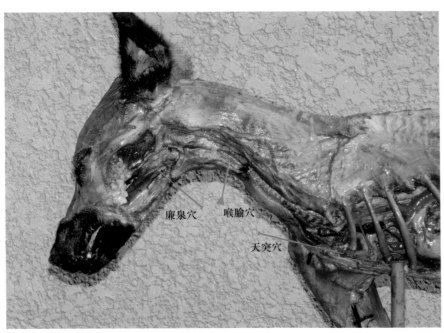
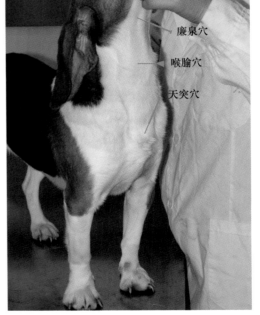

图3-16　廉泉穴、喉腧穴、天突穴

【功能主治】降肺气，通利咽喉。主治咳喘、咽喉肿痛、暴喑、甲状腺功能亢进。

【实验研究】（1）针刺人的天突穴、肺腧穴、大杼穴、太渊穴、足三里穴等穴，无论吸气或呼气阶段的气道阻力，都从增高状态明显下降，特别是呼气时的气道阻力下降最为明显。（邱茂良．针灸学．人民卫生出版社，1985：120）

（2）通过长期的捆绑刺激使小鼠处于应激状态，分别采用手针和电针刺激小鼠的任脉六穴（膻中穴、玉堂穴、子宫穴、华盖穴、璇玑穴、天突穴），观察针刺前后NK细胞活性、白细胞介素–2活性的变化。结果发现：应激组中NK细胞活性和白细胞介素–2活性均低于对照组（$P<0.05$，$P<0.01$），而手针组（采用平刺透穴法，每次针20 min，隔日1次，10 d为一个疗程，每个疗程间隔1周，3个疗程后处死动物）、电针组（取穴同手针组，电针频率为2 Hz，强度控制在针柄微微颤动，电针时间、疗程、动物处死时间均同手针组）与应激组相比，NK细胞的活性和白细胞介素–2活性均得到提高（$P<0.01$，$P<0.05$）。表明：针刺任脉六穴可以提高应激状态下小鼠的细胞免疫功能，其作用机制主要是通过对胸腺的影响提高小鼠的NK细胞活性和白细胞介素–2的活性，从而促进防卫免疫效应。（袁红等．针刺对应激状态下小鼠细胞免疫功能影响的实验研究．针刺研究，2002，27（3）：211–213）

19.颈脉穴

【穴名释义】据腧穴解剖部位命名。

【体表定位】颈外静脉的上1/3点，左、右侧各一穴。见图3–17。

【解剖结构】位于颈部颈静脉沟中，颈外静脉上1/3与中1/3交界处，背侧为臂头肌，腹侧为胸头肌。

【针刺方法】采血针沿血管刺入，出血。

【功能主治】清热解暑，排毒。主治中暑、中毒、脑炎、风疹。

20.大椎穴

【穴名释义】穴在颈后隆起最高处下缘凹陷处，因此处椎骨最大，故名大椎。

【体表定位】第7颈椎与第1胸椎棘突之间，单穴。见图3–18。

【解剖结构】浅层为斜方肌和菱形肌的腱膜，深层有棘间肌及项韧带，有第8颈神经背支分布。

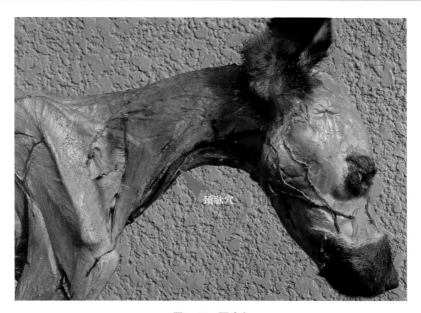

图3-17　颈脉穴

【针刺方法】毫针直刺1～3.5 cm。

【功能主治】疏风解表，通阳调气。主治发热、咳喘、风湿、瘫痪、颈部及胸背疼痛。

【实验研究】（1）对急性呼吸衰竭犬电针大椎穴能改善血液的氧合程度，提高心肌用氧能力，改善左心泵血功能及心肌收缩性
能，但对血液二氧化碳分压和pH无明显影响。（孟竟璧等．急性呼吸衰竭时电针大椎穴对犬心脏动静脉血气及
心肌氧代谢的影响．基础医学与临床，1988，8（5）：343）

（2）对一些因放疗或化疗而致白细胞减少的白血病患者，针刺大椎穴、合谷穴、足三里穴等穴位，可显著提高白细
胞数。（邱茂良．针灸学．人民卫生出版社，1985:120）

（3）小鼠一次性腹腔注射大剂量环磷酰胺（CY），建造白细胞减少模型，造模后每日给予一次艾炷灸大椎穴、膈腧
穴或针刺足三里穴、三阴交穴，造模第5天用造血细胞培养法检测血清集落刺激因子（CSF），发现血清CSF含

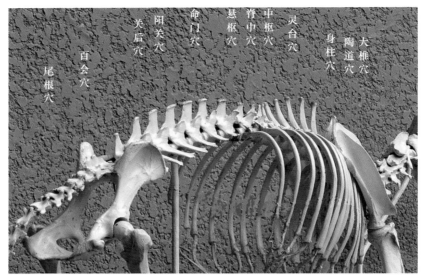

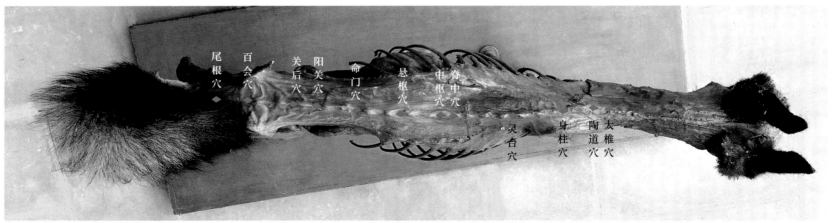

图3-18　犬背侧胸腰部部分穴位

量及活性显著升高，说明针灸对化疗所致白细胞减少有较好疗效。（阎杜海．针灸对小鼠血清CSF含量及活性的影响．河南中医学院针灸推拿系，针刺研究，1997（4）：304–306）

（4）给家兔静脉注射内生致热原后，家兔出现明显的发热效应，同时脑脊液中环磷酸腺苷（cAMP）含量明显升高。电针组电针大椎穴、曲池穴15 min后可使发热家兔体温明显降低，同时脑脊液中cAMP含量也较发热组显著降低。电针降温耐受组穴位、时间同上，每日1次，连续5 d，电针后体温无明显改变，脑脊液中cAMP含量与发热组比较也无明显差异。说明电针可使脑脊液中cAMP含量降低，针刺降温作用明显；而连续电针刺激也可引起针刺降温耐受性，其脑脊液中cAMP含量无明显变化，体温也无明显下降。（景志敏等．脑脊液中cAMP含量在电针降温与电针降温耐受性中的作用．针刺研究，1997（4）：307–310）

（5）采用热凝闭法闭塞大脑中动脉（MCA）建立局灶性脑缺血大鼠神经功能缺损模型，电针百会穴（相当于犬天门穴）、大椎穴，采用NSS评价神经功能缺损情况、TTC染色检测脑梗死体积、HE染色观测脑组织病理改变。结果发现：MCA闭塞可造成大鼠神经功能缺损和脑梗死及脑组织病理损害，但上述损害可随着缺血时间的延长而有不同程度的自愈趋势；电针可使不同缺血时相的各种损害减轻。说明电针具有改善神经功能缺损、缩小脑梗死体积和减轻缺血性病理损害程度的作用。（刘喆等．电针对局灶性脑缺血大鼠神经功能缺损及病理形态的影响．中国针灸，2005，25（12）：879–884）

（二）躯干部腧穴

21.陶道穴

【穴名释义】丘形上有两丘相累曰陶，穴在第1、2胸椎棘突之间，两椎似两丘相累，为督脉之气通行之道，故名陶道。

【体表定位】第1、2胸椎棘突之间，背正中线上，单穴。见图3–18。

【解剖结构】浅层为斜方肌和菱形肌的腱膜，深层有棘间肌及项韧带，有第1胸神经背支分布。

【针刺方法】毫针斜向前下方刺入1～3 cm。

【功能主治】通经活络，清热止痛。主治前肢及肩部扭伤、癫痫、发热。

22.身柱穴

【穴名释义】穴在第3胸椎后，人的在脊柱上，横接两膊，为一身之柱干，故名身柱。

【体表定位】第3、4胸椎棘突之间，背正中线上，单穴。见图3-18。

【解剖结构】浅层为斜方肌和菱形肌的腱膜，深层有棘间肌及棘间韧带，有第3胸神经背支分布。

【针刺方法】毫针斜向前下方刺入1～3 cm。

【功能主治】通经活络，清肺止咳。主治肺热咳嗽、肩部扭伤。

23.灵台穴

【穴名释义】灵台，心也。本穴内应心，故名灵台。

【体表定位】第6、7胸椎棘突之间，背正中线上，单穴。见图3-18。

【解剖结构】浅层为斜方肌和菱形肌、前背侧锯肌、背阔肌等肌肉的腱膜，深层有棘间肌及棘间韧带，有第6胸神经背支分布。

【针刺方法】毫针斜向前下方刺入1～3 cm。

【功能主治】清肺止咳，通经活络。主治肺热咳嗽、胃痛、肝胆湿热、腰脊疼痛。

24.中枢穴

【穴名释义】本穴邻近脊中，为躯体运动之枢，故名。

【体表定位】倒数第3、4胸椎棘突之间，背正中线上，单穴。见图3-18。

【解剖结构】浅层为斜方肌和背阔肌等肌肉的腱膜，毫针刺入棘间肌及棘间韧带，有第10胸神经背支分布。

【针刺方法】毫针直刺1～2 cm，或艾灸。

【功能主治】理气散满，止痛。主治食欲减退、胃痛、腹满、腰背疼痛。

【实验研究】（1）运用TUNEL染色法观察电针对大鼠脑缺血后脑内神经细胞凋亡的影响。用电化学方法建立脑缺血模型，在缺血前10 min电针风府穴（枕骨下凹陷）、筋缩穴（第9、10胸椎棘突间，相当于犬中枢穴），电针30 min。结果显示大脑皮层梗塞区内神经细胞凋亡数目显著减少，表明电针能够抑制缺血后脑神经细胞凋亡。（晏义平等.　电针对大鼠脑缺血后脑内神经细胞凋亡的影响. 针刺研究，1998（1）：33-35）

（2）针刺中枢等穴，可引起炎症盲肠运动增强。（参见后三里穴）

25.脊中穴

【穴名释义】穴在脊椎之中部，故名。

【体表定位】倒数第2、3胸椎棘突之间，背正中线上，单穴。见图3-18。

【解剖结构】浅层为背阔肌等肌肉的腱膜，深层有棘间肌及棘间韧带，有第11胸神经背支分布。

【针刺方法】毫针沿棘突间隙向下刺入0.5～1 cm，或艾灸。

【功能主治】理气退黄，强腰止痛。主治食欲减退、黄疸、肠炎、腰背僵痛。

26.悬枢穴

【穴名释义】物之有所系属者曰"悬"，比喻本穴系属督脉枢要之处，故名。

【体表定位】最后胸椎与第1腰椎棘突之间，背正中线上，单穴。见图3-18。

【解剖结构】浅层为胸腰筋膜前缘中点，深层有棘间肌及棘间韧带，有第13胸神经背支分布。

【针刺方法】毫针直刺0.5～2.5 cm。

【功能主治】补肾强腰，健脾理气。主治腰椎病、腰风湿、消化不良。

27.命门穴

【穴名释义】穴处两肾之间，为精道所出，是元气之根本、生命之门户，故名。

【体表定位】第2、3腰椎棘突之间，背正中线上，单穴。见图3-18。

【解剖结构】浅层为胸腰筋膜，深层有棘间肌及棘间韧带，有第2腰神经背支分布。

【针刺方法】毫针直刺0.5～2.5 cm，或艾灸。

【功能主治】补肾强腰，通络止痛。主治腰椎病、腰部风湿、肾虚腰痿、腹泻、阳痿。

【实验研究】（1）以佐剂性关节炎大鼠（AA）为研究对象，随机分为5组：正常组、模型组、电针大椎组、电针命门组、电针非穴组，观察电针对关节炎症局部及下丘脑促肾上腺皮质激素释放激素（CRH）、β-内啡肽（β-EP）、白细胞介素-2（IL-2）含量的影响，并比较不同穴位间的作用差异。结果显示：电针大椎组下丘脑CRH含量较模型组降低（$P<0.05$），电针各组下丘脑β-EP、IL-2的含量与模型组比较差异无显著意义（$P>0.05$），而下丘脑CRH含量与IL-2含量，下丘脑IL-2含量与β-EP含量具有显著正相关关系（$r=0.886$，$r=0.946$）。电针大椎组、电针命门组足爪肿胀率较非穴组低（$P<0.05$）。分析认为，电针可能是通过下丘脑CRH、IL-2、β-EP等因素的相互调节，起到抗炎免疫调节作用的。大椎穴、命门穴抗炎作用优于非穴处。（李辉等. 电针对佐剂性关节炎大鼠下丘脑CRH、IL-2、β-EP含量的影响. 中国针灸，2005，25（11）：793-796）

（2）将辣根过氧化物酶分别注射于大鼠命门穴区与相关内脏卵巢及肾上腺实质内，观察三者的传入神经节段性分布的关系。结果显示，三者的传入神经在脊神经节T_{13}~L_2节段互相重叠。该结果为针刺和艾灸命门穴提高血清雌激素水平的作用提供了形态学依据。（赵英侠等. "命门"穴区与卵巢、肾上腺的传入神经节段性分布的关系——HRP法研究. 针刺研究，1999，24（4）：294-296）

28.阳关穴

【穴名释义】在人，该穴为腰阳关：穴属督脉，督脉为阳脉之海，关乎一身之阳气，比喻为阳气之关要处，故名。

【体表定位】第4、5腰椎棘突之间，背正中线上，单穴。见图3-18。

【解剖结构】浅层为胸腰筋膜，深层有棘间肌及棘间韧带，有第4腰神经背支分布。

【针刺方法】毫针直刺0.5~2.5 cm，或艾灸。

【功能主治】补肾强腰，通络止痛。主治腰部风湿、肾虚腰痿、腰椎病、腹泻、阳痿。

29.关后穴

【穴名释义】穴在阳关穴之后，故名。

【体表定位】第5、6腰椎棘突之间，背正中线上，单穴。见图3-18。

【解剖结构】浅层为胸腰筋膜，深层有棘间肌及棘间韧带，有第5腰神经背支分布。

【针刺方法】毫针直刺0.5~2.5 cm，或艾灸。

【功能主治】通络止痛，强腰。主治腰椎病、肾虚腰痿、腰部风湿。

30.百会穴

【穴名释义】本穴与人的百会穴同名不同位。在人，穴在头顶中央，为手足三阳、督脉、足厥阴之会，百病皆主，故名百会。

【体表定位】最后腰椎与荐椎棘突之间，背正中线上，单穴。见图3-18和图3-19。

【解剖结构】浅层为胸腰筋膜，深层有棘间肌及棘间韧带，有第7腰神经背支分布。

【针刺方法】毫针直刺1~5 cm，勿伤脊髓；或艾灸。

【功能主治】补肾强腰，疗痹止痛，升阳。主治腰椎病、腰风湿、后肢瘫痪、腹泻、尿频、阳痿。

31.百会旁穴

【穴名释义】穴在百会穴两旁，故名。

【体表定位】百会穴左、右旁开0.5~1 cm处，两侧各一穴。见图3-19。

【解剖结构】浅层为胸腰筋膜，深层为腰多裂肌。有臀前动、静脉和臀前神经分布（相当于马肾腧穴）。

【针刺方法】毫针直刺0.5~2.5 cm，或艾灸。

【功能主治】强腰肾，调气通络。主治尿失禁、尿潴留、腰瘫痪。

32.二眼穴

【穴名释义】穴在荐椎孔处，每侧二孔，故名。

【体表定位】第1、2和2、3荐椎的背荐孔处，左、右侧各二穴。见图3-19。

【解剖结构】位于臀部，刺入臀浅肌和臀中肌，有臀前动、静脉和臀后神经分布。

【针刺方法】毫针直刺0.5~2.5 cm，或艾灸。

【功能主治】通络，疗痹，强腰肾，摄尿。主治腰胯疼痛、后肢瘫痪、尿频、膀胱麻痹、阳痿。

【实验研究】（1）探讨针灸对宫颈癌术后所致尿潴留的作用机理。选取6只健康雌性家兔，实施子宫切除手术建立尿潴留模型，针灸次髎穴（相当于犬二眼穴）、肾腧穴、三阴交穴，观察对膀胱内压、排尿阈值、残余尿量以及膀胱盆神经放电的影响。结果发现，针灸可使上述指标发生逆转，治疗组与造模组、对照组对比有显著性差异（$P<0.01$），

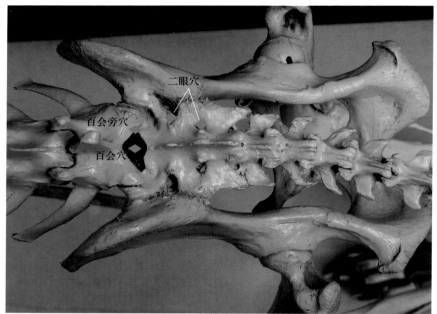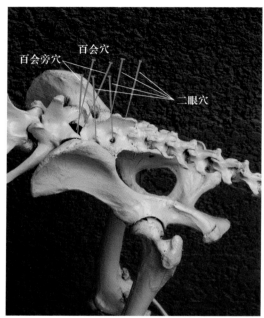

图3-19　百会穴、百会旁穴、二眼穴

　　说明针灸次髎穴、肾腧穴、三阴交穴具有治疗宫颈癌术后所致尿潴留的作用，其机理可能与针灸有助于损伤神经的恢复有关。（孙曙霞等．针灸对实验性家兔神经损伤尿潴留的影响．针刺研究，2003，28（4）：263-266）

（2）观察咪唑啉受体在痛觉调制和针刺镇痛中的作用。以辐射热照射致大鼠甩尾反射潜伏期作为测痛的指标，采用蛛网膜下腔注射咪唑啉受体的激动剂和拮抗剂的方法，观察咪唑啉受体对痛阈和针刺镇痛效应的影响。结果发现，蛛网膜下腔注射可乐宁和电针双侧次髎穴可产生明显的镇痛效应，但均可被事先注射的咪唑啉受体拮抗剂苯恶唑所阻断。说明激活咪唑啉受体可能是可乐宁和电针镇痛效应的共同脊髓机制，但是没有观察到可乐宁明显加强针刺镇痛的协同作用。（莫孝荣等．咪唑啉受体参与痛觉调制和针刺镇痛．针刺研究，2001，26（4）：284-287）

33.尾根穴

【穴名释义】穴在尾根处，故名。

【体表定位】最后荐椎与第1尾椎棘突之间，背正中线上，单穴。见图3-18。

【解剖结构】刺入棘间肌，有荐神经分布。

【针刺方法】毫针直刺0.3 ~ 1 cm。

【功能主治】通络疗痹，升阳。主治后肢瘫痪、尾麻痹、脱肛、腹泻。

34.尾尖穴

【穴名释义】据穴位解剖部位命名。

【体表定位】尾末端，单穴。参见62页图3-4。

【解剖结构】位于尾末端处，有尾内、外侧动、静脉和尾神经分布。

【针刺方法】毫针，沿尾纵轴方向，向前皮下平刺0.3 ~ 1.5 cm。

【功能主治】清热开窍，通络疗痹。主治发热、感冒、中暑、瘫痪、癫狂、中毒。

35.后海穴

【穴名释义】肛门俗称后海，穴处肛门之上，故名。

【体表定位】尾根与肛门间的凹陷中心点，单穴。见图3-20和图3-21。

【解剖结构】位于肛门和尾根之间，浅层为肛门括约肌，深层为尾骨肌，有会阴动、静脉和直肠神经分布。

【针刺方法】毫针，沿荐椎腹侧面方向，向前刺入0.5 ~ 5 cm。

【功能主治】调理胃肠，消积散滞，升阳。主治泄泻、便秘、脱肛、阳痿、不孕症。

36.脱肛穴

【穴名释义】本穴治疗脱肛有特效，故名。

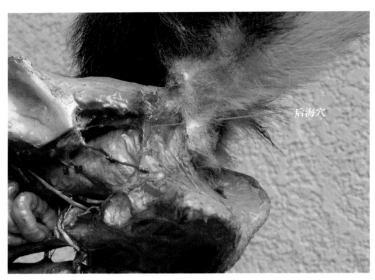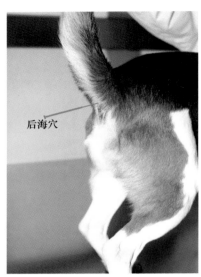

图3-20 后海穴

【体表定位】肛门左右0.5～1 cm，肛门腺外侧，两侧各一穴。见图3-21和图3-22。

【解剖结构】皮下为疏松结缔组织，深层有肛门括约肌，有直肠后神经和阴部动、静脉分支分布。

【针刺方法】毫针直刺0.5～1 cm，或穴位注射。

【功能主治】固摄肛门。主治脱肛。

37.肺腧穴

【穴名释义】本穴是肺气转输、灌注之处，为治肺病之要穴，故名。

【体表定位】肩端至髋结节连线与倒数第10肋间的交点处，左、右侧各一穴。见图3-23至图3-25。

【解剖结构】位于第3肋间，皮下浅层为躯干皮肌以及背阔肌大圆肌、胸腹侧锯肌、前背侧锯肌，胸最长肌与髂肋间肌之间，深层为肋间外肌和肋间内肌，并有肋间动、静脉的分支和胸神经背侧支外侧皮支穿出。

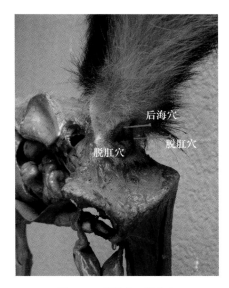

图3-21 后海穴、脱肛穴

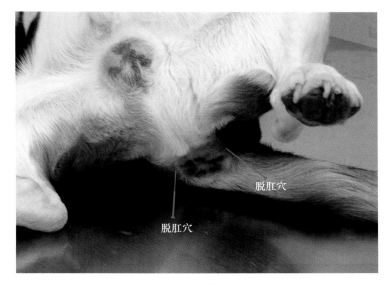

图3-22 脱肛穴

【针刺方法】毫针沿肋前缘向下方斜刺0.5～2 cm，勿刺破胸腔。

【功能主治】清肺止咳、平喘。主治鼻塞、咳嗽、气喘。

【实验研究】（1）采用针刺联合抗癌新药紫杉醇对Lewis肺癌小鼠进行治疗，探讨针药结合对肿瘤的治疗作用及机制。针刺选取肺俞穴，施以手针疗法，每日1次，共治疗10次；紫杉醇以腹腔注射给药，10 mg/kg，每日1次，连续给药10 d。通过检查瘤重抑制率及瘤细胞凋亡率，观察针刺联合紫杉醇对小鼠Lewis肺癌的疗效及诱导细胞凋亡的作用。结果表明：针刺、紫杉醇、针刺联合紫杉醇均有抑瘤作用，光镜下3个治疗组均可见到癌细胞排列较规整，肿瘤团块较小，异型性不明显，病理性核分裂较少，瘤组织有坏死，但针药联合组效果最佳。（成泽东等. 针刺联合紫杉醇对小鼠Lewis肺癌细胞凋亡的影响. 针刺研究，2007，32（3）：153-157）

（2）针刺肺俞等穴，可使呼气时气道阻力下降。（参见天突穴）

（3）采用美国Sigma公司生产的卵蛋白（OVA），复制过敏性哮喘豚鼠模型，将动物随机分为正常对照组、模型组和电针组。电针组电针大椎穴、肺腧穴，正常对照组和模型组均不做电针处理。实验观测电针对哮喘豚鼠血及支气管肺泡灌洗液（BALF）中肿瘤坏死因子-α（TNF-α）、内皮素（ET）水平的影响。结果表明：①模型组TNF-α、ET水平均明显高于正常对照组（$P<0.01$）。②电针组TNF-α、ET水平显著低于模型组（$P<0.01$）。提示电针能抑制TNF-α、ET的合成和分泌，从而阻断炎症介质的释放，减轻气道炎症反应，缓解气管平滑肌痉挛。（黄铁军等. 电针对哮喘豚鼠血及肺泡灌洗液中肿瘤坏死因子、内皮素水平的影响. 针刺研究，1999，24（4）：300-302）

（4）利用光学显微镜观察自血混合丙球穴注（双侧肺腧穴）对过敏性哮喘豚鼠肺组织和支气管形态变化的影响，结果表明，丙球加自血注射效果最好，黏液栓基本消失，平滑肌未见明显痉挛、增厚，炎症细胞浸润大大减轻，支气管壁充血、水肿消失。丙球穴注也有上述作用，但效果一般。自血穴注效果较好，但比丙球加自血注射稍差。（赖洪康等. 自血混合丙球穴注疗法对哮喘豚鼠肺组织和支气管作用的光镜观察. 针刺研究，2001，26（1）：19-20）

38.厥阴腧穴

【穴名释义】据穴位功效命名。在人，本穴为厥阴心包腧穴，故名。

【体表定位】肩端至髋结节连线与倒数第9肋间的交点处，左、右侧各一穴。见图3-23至图3-25。

【解剖结构】位于第4肋间，皮下浅层为躯干皮肌以及背阔肌、胸腹侧锯肌、前背侧锯肌，位于胸最长肌与髂肋肌之间；深层为肋间外肌和肋间内肌，有肋间动、静脉的分支和胸神经背侧支外侧皮支穿出。

【针刺方法】毫针沿肋前缘向下方斜刺0.5~2 cm，勿刺破胸腔；或艾灸。

【功能主治】强心、止咳、止呕。主治心悸动、咳嗽、呕吐。

【实验研究】电针大鼠心腧穴、厥阴腧穴，对急性心肌缺血具有预防和治疗作用。（参见心腧穴）

39.心腧穴

【穴名释义】本穴为心之气转输、灌注之处，为治心病之要穴，故名。

【体表定位】肩端至髋结节连线与倒数第8肋间的交点处，左、右侧各一穴。见图3-23至图3-25。

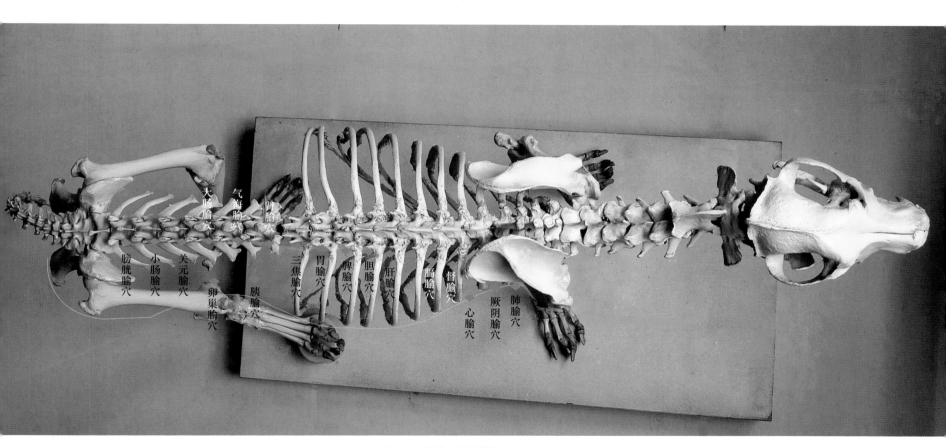

图3-23 肺腧穴至膀胱腧穴（1）

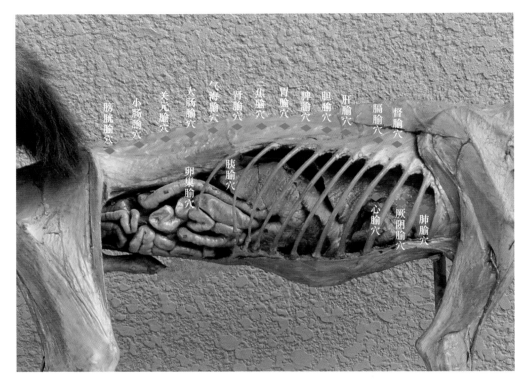

膀胱腧穴　小肠腧穴　关元腧穴　大肠腧穴　气海腧穴　肾腧穴　三焦腧穴　胃腧穴　脾腧穴　胆腧穴　肝腧穴　膈腧穴　督腧穴

卵巢腧穴　胰腧穴　心腧穴　厥阴腧穴　肺腧穴

图3-24　肺腧穴至膀胱腧穴（2）

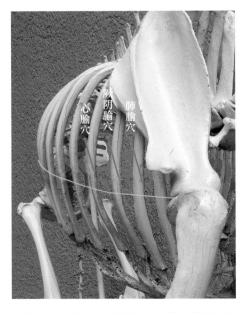

心腧穴　厥阴腧穴　肺腧穴

图3-25　肺腧穴、厥阴腧穴、心腧穴的针刺方向

【解剖结构】位于第5肋间，皮下浅层为躯干皮肌以及背阔肌、胸腹侧锯肌、前背侧锯肌，位于胸最长肌与髂肋肌之间；深层为肋间外肌和肋间内肌，有肋间动、静脉的分支和胸神经背侧支外侧皮支穿出。

【针刺方法】毫针沿肋前缘向下方斜刺0.5～2 cm，勿刺破胸腔。

【功能主治】宁心安神、理血调气。主治心脏疾病、癫痫。

【实验研究】采用大剂量异丙肾上腺素（100 mg/kg）腹腔注射建立急性心肌缺血大鼠实验模型，观察电针心腧穴、厥阴腧穴对血清中肌酸激酶（CK）、超氧化物歧化酶（SOD）、丙二醛（MDA）及血浆中降钙素基因相关肽（CGRP）和内皮素（ET）含量的影响。发现电针心腧穴、厥阴腧穴能降低血清CK含量（$P<0.05$）和MDA含量（$P<0.001$）,提高血清SOD含量（$P<0.001$）和血浆CGRP/ET水平（$P<0.001$）。表明电针对大鼠急性心肌缺血具有预防和治疗作用，可以保护心肌，改善心肌缺血损伤，进一步证实了经脉脏腑相关理论。（张发宝等．电针对大鼠急性心肌缺血的血自由基、内皮素和降钙素基因相关肽的作用．针刺研究，2002，27（3）：192–196）

40.督腧穴

【穴名释义】本穴为督脉之气转输、灌注之处，故名。

【体表定位】倒数第7肋间，胸最长肌与髂肋肌的肌沟中，左、右侧各一穴。见图3-23、图3-24、图3-26。

【解剖结构】位于第6肋间，皮下浅层为躯干皮肌以及背阔肌、胸腹侧锯肌、前背侧锯肌，位于胸最长肌与髂肋肌之间；深层为肋间外肌和肋间内肌，有肋间动、静脉的分支和胸神经背侧支外侧皮支穿出。

【针刺方法】毫针，向椎间孔方向刺入0.5～2 cm。

【功能主治】宁心安神。主治心脏疾病。

41.膈腧穴

【穴名释义】本穴内应横膈，故名。

【体表定位】倒数第6肋间，胸最长肌与髂肋肌的肌沟中，左、右侧各一穴。见图3-23、图3-24、图3-26。

【解剖结构】位于第7肋间，皮下浅层为躯干皮肌以及背阔肌、前背侧锯肌，位于胸最长肌与髂肋肌之间；深层为肋间外肌和肋间内肌，有肋间动、静脉的分支和胸神经背侧支外侧皮支穿出。

【针刺方法】毫针向椎间孔方向刺入0.5～2 cm。

【功能主治】理气宽胸、止咳平喘。主治呕吐、呃逆、气喘、咳嗽。

【实验研究】（1）用人工放血造成家兔贫血状态（红细胞在400万/mm³以下，血红蛋白在65%以下），针刺膈腧穴、膏肓穴，结果与对照组相比，大大提前纠正了贫血状态，迅速恢复正常。（邱茂良．针灸学．人民卫生出版社，1985: 67）

（2）实验家兔75只，随机分成5组：白增治疗组、白增对照组、白减治疗组、白减对照组和正常对照组，每组15只。

家兔耳缘静脉分别注射大肠杆菌菌液和环磷酰胺，复制白细胞增多症模型和白细胞减少症模型，每天耳缘静脉采血，测外周血白细胞计数。治疗取大椎穴、双侧足三里穴、双侧膈腧穴，电针20 min，每日1次，共5 d。治疗结束后，切取脾脏，制作脾脏的电镜标本，扫描电镜下观察脾血窦基膜小孔，用显微图像分析软件计算脾血窦基膜小孔口径面积。结果两治疗组均比各自模型对照组白细胞数恢复快（$P<0.05$，$P<0.01$）;白减治疗组较白减对照组脾血窦基膜小孔口径增大（$P<0.05$）；白增治疗组较白增对照组脾血窦基膜小孔口径缩小（$P<0.05$）。显示外周血白细胞数量降低或升高时，电针可以调整白细胞数量趋向正常水平，该作用与脾脏血窦基膜小孔相应的增大或缩小有关。（毛慧娟等．电针双向调节白细胞数量的作用与脾血窦基膜小孔活动的关系．针刺研究，2008，33（5）：291-295）

42.肝腧穴

【穴名释义】本穴为肝气转输、灌注之处，为治肝病之要穴，故名。

【体表定位】倒数第4肋间，胸最长肌与髂肋肌的肌沟中，左、右侧各一穴。见图3-23至图3-25。

【解剖结构】位于第9肋间，皮下浅层为躯干皮肌以及背阔肌、前背侧锯肌，位于胸最长肌与髂肋肌之间；深层为肋间外肌和肋间内肌，有肋间动、静脉的分支和胸神经背侧支外侧皮支穿出。

【针刺方法】毫针向椎间孔方向刺入0.5～2 cm。

【功能主治】疏肝退黄，清肝明目。主治肝炎、黄疸、眼病、癫狂。

【实验研究】采用颈外动脉插入线栓法建立大鼠大脑中动脉局灶性脑缺血（MCAO）模型，研究针刺效应。电针采用疏密波，2/30 Hz，电流2 mA，持续30 min，每12 h 1次，共电针6次。对大鼠神经功能障碍进行评分，用放射免疫法测血浆和脑组织中血管内皮素（ET）和降钙素基因相关肽（CGRP）含量。结果发现：电针水沟—百会穴（相当于犬天门穴）组及肝腧—肾腧穴组对行为学评分有不同程度的改善，并在缺血48 h后产生效应；脑组织ET含量降低（$P<0.01$），但对血浆ET含量无明显影响（$P>0.05$）;血浆及脑组织CGRP含量升高（$P<0.05$或$P<0.01$）。两电针组之间差异无统计学意义（$P>0.05$）。（胡蓉等．电针不同穴组对脑缺血大鼠血浆和脑组织内皮素、降钙素基因相关肽含量的影响．针刺研究，2008，33（3）：169-172）

43.胆腧穴

【穴名释义】本穴为胆气转输、灌注之处，为治胆病之要穴，故名。

【体表定位】倒数第3肋间，胸最长肌与髂肋肌的肌沟中，左、右侧各一穴。见图3-23、图3-24、图3-26。

【解剖结构】位于第10肋间，皮下浅层为躯干皮肌、背阔肌，位于胸最长肌与髂肋肌之间；深层为肋间外肌和肋间内肌，有肋间动、静脉的分支和胸神经背侧支外侧皮支穿出。

【针刺方法】毫针向椎间孔方向刺入0.5～2 cm。

【功能主治】清热利胆，明目退黄。主治肝炎、黄疸、眼病。

【实验研究】实验性胆囊炎家兔的胆囊较正常家兔有所扩大，运动障碍明显。通过耳穴探测选取右耳郭肝胆区的低电阻点作为刺激点，与右侧胆腧穴分别接电针仪的正、负极，电针频率为20 Hz，强度3 V左右，以肌肉轻度抖动为度。连续刺激20 min，观察到轻度胆囊炎家兔在1 h后胆囊明显缩小，其效果超过胆囊收缩素药物。证明耳一体穴电针可以作为治疗胆囊炎、改善胆囊功能障碍的手段。（许玉岭等．耳一体穴电针对实验性胆囊炎家兔胆囊运动功能的影响．针刺研究，2000，25（1）：27-30）

44.脾腧穴

【穴名释义】本穴是脾气转输、灌注之处，为治脾病之要穴，故名。

【体表定位】倒数第2肋间，胸最长肌与髂肋肌的肌沟中，左、右侧各一穴。见图3-23、图3-24、图3-26。

【解剖结构】位于第11肋间，皮下浅层为躯干皮肌以及背阔肌、后背侧锯肌，位于胸最长肌与髂肋肌之间；深层为肋间外肌和肋间内肌，有肋间动、静脉的分支和胸神经背侧支外侧皮支穿出。

【针刺方法】毫针向椎间孔方向刺入0.5～2 cm。

【功能主治】健脾除湿，理气消胀。主治食欲不振、消化不良、腹胀、腹泻。

【实验研究】（1）针刺足三里穴、脾腧穴、内关穴，可使胃瘘收集的胃液中碳酸氢盐和钠分泌显著增加，胃酸明显减少。电针比手针效果好。针刺对胃酸分泌的影响可被穴位局部麻醉或静脉给予抗胆碱药物——阿托品阻断，提示针刺对胃分泌的影响是通过体壁—内脏反射机制实现的，其中胆碱能神经起重要作用。（周吕等．电针对犬胃分泌的作用．针刺研究，1985（2）：131-136）

（2）采用6月龄雌性SD大鼠40只，随机分为假手术组、模型组、针刺组和己烯雌酚对照组，每组10只。除假手术组外，其余各组切除双侧卵巢建立骨质疏松症模型。造模2个月后开始治疗，假手术组、模型组大鼠用生理盐水灌胃，己烯雌酚组以己烯雌酚生理盐水混悬液（2.25 μg/mL）灌胃，均以每100 g体重1 mL的标准灌服，每日1次，连续灌服2个月；针刺组针刺双侧大杼穴、肾腧穴、脾腧穴，每日1次，每次持续30 min，每隔10 min轻捻转行针1次，10次为1个疗程，共治疗6个疗程。与模型组比较，针刺组及己烯雌酚组能明显抑制子宫萎缩（$P<0.01$），血清雌二醇（E_2）显著增高（$P<0.01$），碱性磷酸酶（ALP）、血清骨钙素（BGP）及抗酒石酸酸性磷酸酶（TRAP）水平显著降低（$P<0.01$），体重显著降低（$P<0.01$）；针刺组与假手术组ALP、BGP及TRAP水平差异无显著性意义（$P>0.05$），两组体重增长水平相当（$P>0.05$）。显示针刺能明显阻止去卵巢大鼠体重的增加，提高血清E_2水平，显著控制ALP、BGP与TRAP的增高，可能对骨质疏松症有一定的防治作用。（马界等. 针刺对去卵巢大鼠骨质疏松症骨代谢及血清雌二醇含量的影响. 针刺研究，2008，33（4）：235–239）

45.胃腧穴

【穴名释义】本穴是胃气转输、灌注之处，为治胃病之要穴，故名。

【体表定位】倒数第1肋间，背最长肌与髂肋肌的肌沟中，左、右侧各一穴。见图3–23、图3–24、图3–26。

【解剖结构】位于第12肋间，皮下浅层为躯干皮肌以及背阔肌、后背侧锯肌，位于胸最长肌与髂肋肌之间；深层为肋间外肌和肋间内肌，有肋间动、静脉的分支和胸神经背侧支外侧皮支穿出。

【针刺方法】毫针向椎间孔方向刺入0.5～2 cm。

【功能主治】健胃，止呕，止泻。主治食欲减退、消化不良、呕吐、腹泻。

【实验研究】观察穴位干细胞因子（SCF）抗体注射及电针后大鼠穴区组织内肥大细胞（MCs）的分布及功能变化，探讨电针过程中SCF对大鼠穴区MCs活性的影响。将30只Wistar大鼠随机分为正常组、电针组、注射抗体+电针组，每组10只。电针组选取左侧胃腧穴、足三里穴给予电针，强度0.1 mA，频率2 Hz/15 Hz，针刺25 min。注射抗体+电针组先给予左侧胃腧穴、足三里穴1:200 SCF抗体稀释液0.1 mL封闭，然后电针刺激25 min，参数同电针组。乙酰胆碱酯酶组化染色并甲苯胺蓝复染法观察各穴组织内MCs的分布，比较各组胃腧穴、足三里穴区内MCs总数和脱颗粒率的差异。与正常组比较，电针组胃腧穴区、足三里穴区组织MCs总数均升高，注射抗体+电针组两穴区MCs总数均下降，注射抗体+电针组胃腧穴、足三里穴MCs总数与电针组、正常组的差异有统计学意义（均$P<0.05$）。与正常组比较，电针组、注射抗体+电针组胃腧穴、足三里穴MCs脱颗粒率均显著升高（均$P<0.05$），电针组和注射抗体+电针组两穴区MCs脱颗粒率的差异无统计学意义（均$P<0.05$）。显示SCF抗体穴区注射及电针后,穴区MCs显著减少，SCF是电针过程中促进MCs向穴区迁移、募集的重要因子。（宋晓晶等．大鼠穴区注射干细胞因子抗体对肥大细胞数量和脱颗粒的影响．针刺研究，2011，36（4）：247-251）

46.三焦腧穴

【穴名释义】本穴为三焦之气转输、灌注之处，为治三焦疾病之要穴，故名。

【体表定位】第1腰椎和最后胸椎棘突连线中点两侧，背最长肌与髂肋肌的肌沟中，左、右侧各一穴。见图3-23、图3-24、图3-26。

【解剖结构】皮下浅层为背阔肌、后背侧锯肌，位于背最长肌与髂肋肌之间；深层为腹内斜肌、腹横肌，有腰动、静脉的分支和第一腰神经的分支穿出。

【针刺方法】毫针直刺，向椎间孔方向刺入1~2 cm。

【功能主治】调理气机，健脾止泻。主治消化不良、食欲减退、呕吐、腹泻、腰背强痛。

47.肾腧穴

【穴名释义】本穴是肾气转输、灌注之处，为治肾病之要穴，故名。

【体表定位】第1、2腰椎棘突连线中点两侧，背最长肌与髂肋肌的肌沟中，左、右侧各一穴。见图3-23、图3-24、图3-27。

【解剖结构】皮下浅层为背阔肌腱膜，位于背最长肌与髂肋肌之间；深层为腹内斜肌、腹横肌，有腰动、静脉的分支和第二腰神经的分支穿出。

【针刺方法】毫针直刺，向椎间孔方向刺入1~2 cm。

【功能主治】补肾气，滋肾精，强筋骨。主治尿失禁、肾病、腰胯疼痛、生殖机能衰退。

【实验研究】（1）用电针较大刺激强度作用于肾腧穴和膀胱腧穴，可使输尿管蠕动显著增大，很可能是由于电刺激直接作用于输尿管的缘故，因为肾腧穴邻近肾门，膀胱腧穴邻近输尿管中段。输尿管蠕动增强有助于促使输尿管结石下移和

排出。（张长城．电针对犬输尿管蠕动影响的研究．贵州医药，1983（5）：46-47）

（2）实验观察针刺对正常人水负荷后两肾泌尿功能的影响，发现多数情况下，针刺肾腧穴时可抑制肾脏的泌尿功能。（邱茂良．针灸学．人民卫生出版社，1985：68）

48.气海腧穴

【穴名释义】本穴内应气海，与气海相对，是机体元气输注之处，故名。

【体表定位】第2、3腰椎棘突连线中点两侧，背最长肌与髂肋肌的肌沟中，左、右侧各一穴。见图3-23、图3-24、图3-27。

【解剖结构】皮下浅层为背阔肌腱膜，位于背最长肌与髂肋肌之间；深层为腹内斜肌、腹横肌，有腰动、静脉的分支和第三腰神经的分支穿出。

【针刺方法】毫针直刺，向椎间孔方向刺入1~2 cm。

【功能主治】理气通便，活络止痛。主治便秘、腹胀、腰痛。

49.大肠腧穴

【穴名释义】本穴是大肠之气转输、灌注之处，为治大肠病之要穴，故名。

【体表定位】第3、4腰椎棘突连线中点两侧，背最长肌与髂肋肌的肌沟中，左、右侧各一穴。见图3-23、图3-24、图3-27。

【解剖结构】皮下浅层为背阔肌腱膜，位于背最长肌与髂肋肌之间；深层为腹内斜肌、腹横肌，有腰动、静脉的分支和第四腰神经的分支穿出。

【针刺方法】毫针直刺，向椎间孔方向刺入1~2 cm。

【功能主治】通肠理气，强腰膝。主治腰痛、腹胀、腹泻、便秘。

【实验研究】波尔杂交母山羊10只，用盐酸氯丙嗪镇静后，用乙二胺四乙酸二钠（EDTA-Na$_2$）络合穴区局部组织Ca^{2+}，用新型组织氧分压传感针检测山羊膀胱经经穴肝腧穴、大肠腧穴、关元腧穴及旁开非经穴处氧分压的变化趋势。发现：①膀胱经经穴的Ca^{2+}电位明显高于旁开对照点（$P<0.05$，$P<0.01$）；②膀胱经经穴的氧分压高于旁开对照点（$P<0.01$）；③注射EDTA-Na$_2$后，经穴的氧分压较注射前及注射生理盐水均明显升高（$P<0.01$），且经穴的氧分压高于旁开对照点（$P<0.01$）。（王琪等．络合Ca^{2+}对山羊膀胱经经穴氧分压的影响．针刺研究，2008，33（1）：17-21）

50.关元腧穴

【穴名释义】在人，名关元腧的穴位与关元穴成一背一腹地相对，为人体元气输注之处，故名。

【体表定位】第4、5腰椎棘突连线中点两侧，背最长肌与髂肋肌的肌沟中，左、右侧各一穴。见图3-23、图3-24、图3-27。

【解剖结构】皮下浅层为背阔肌腱膜，位于背最长肌与髂肋肌之间；深层为腹内斜肌、腹横肌，有腰动、静脉的分支和第五腰神经的分支穿出。

【针刺方法】毫针直刺，向椎间孔方向刺入1～2 cm。

【功能主治】调理胃肠，理气止痛，摄尿。主治腰腹胀痛、便秘、尿频。

【实验研究】用新型组织氧分压传感针检测山羊关元腧穴等穴位氧分压的变化趋势，结果均高于旁开对照点。（参见大肠腧穴）

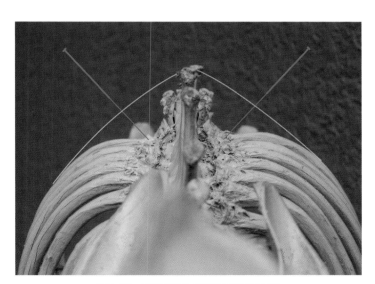

图3-26　督腧穴至三焦腧穴的针刺方向

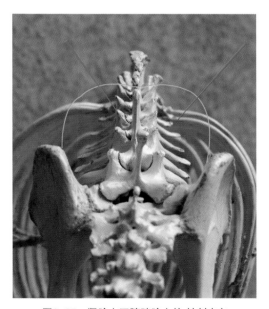

图3-27　肾腧穴至膀胱腧穴 的针刺方向

51.小肠腧穴

【穴名释义】本穴为小肠之气转输、灌注之处，为治小肠疾病之要穴，故名。

【体表定位】第5、6腰椎棘突连线中点两侧，背最长肌与髂肋肌的肌沟中，左、右侧各一穴。见图3-23、图3-24、图3-27。

【解剖结构】皮下浅层为背阔肌腱膜，位于背最长肌与髂肋肌之间；深层为腹内斜肌、腹横肌，有腰动、静脉的分支和第六腰神经的分支穿出。

【针刺方法】毫针直刺，向椎间孔方向刺入1～3 cm。

【功能主治】通调小肠，利胆清热。主治消化不良、肠炎、肠痉挛。

52.膀胱腧穴

【穴名释义】本穴为膀胱之气转输、灌注之处，为治膀胱病之要穴，故名。

【体表定位】第6、7腰椎棘突连线中点两侧，背最长肌与髂肋肌的肌沟中，左、右侧各一穴。见图3-23、图3-24、图3-27。

【解剖结构】皮下浅层为背阔肌腱膜，位于背最长肌与髂肋肌之间；深层为腹内斜肌、腹横肌，有腰动、静脉的分支和第七腰神经的分支穿出。

【针刺方法】毫针直刺，向椎间孔方向刺入1～3 cm；或艾灸。

【功能主治】调理膀胱，强腰脊。主治尿不利、失禁、腰胯疼痛。

【实验研究】电针膀胱腧穴等穴位，可使输尿管蠕动显著增强。（参见肾腧穴）

53.胰腧穴

【穴名释义】据穴位功能命名。

【体表定位】第2腰椎横突末端在肩胛后角与髋结节连线上的投影点。左、右侧各一穴。见图3-23、图3-24、图3-27。

【解剖结构】浅层为腹内斜肌、腹横肌，深层为髂肋肌，有腰椎动、静脉和腰神经分布。

【针刺方法】毫针直刺1～2 cm。

【功能主治】健脾理气，止泻，摄尿。主治消化不良、慢性腹泻、多尿。

【实验研究】大鼠43只，13只为正常对照，另30只行链脲佐菌素（STZ）腹腔注射造模，造模成功的大鼠随机分为模型组和针刺治疗组（针刺胰腧穴、足三里穴、关元穴），针刺治疗2个疗程后取脑，运用免疫组化法和原位杂交法分别检测下丘脑神经肽（NPY）蛋白及其mRNA的表达。结果发现：STZ糖尿病大鼠下丘脑室旁核、弓状核NPY阳性纤维较正常组大鼠明显多，下丘脑外侧区NPYmRNA表达较正常明显增多（$P<0.05$），针刺治疗后糖尿病大鼠下丘脑室旁核、弓状核NPY阳性纤维及下丘脑外侧区NPYmRNA表达明显减少（$P<0.05$）。显示针刺可以降低STZ糖尿病大鼠下丘脑增多的NPY的合成及其含量，这可能是针刺改善糖尿病能量代谢的中枢机制之一。（梁凤霞等. 针刺对糖尿病大鼠下丘脑神经肽Y及其mRNA表达的影响. 针刺研究，2005，30（1）：18-21）

54.卵巢腧穴

【穴名释义】据穴位功能命名。

【体表定位】第4腰椎横突末端在肩胛后角与髋节结连线上的投影点。左、右侧各一穴。见图3-23、图3-24、图3-27。

【解剖结构】浅层为腹内斜肌、腹横肌，深层为髂肋肌，有腰椎动、静脉和腰神经分布。

【针刺方法】毫针直刺1~2 cm。

【功能主治】调理卵巢功能。主治卵巢机能减退、不孕症。

55.中脘穴

【穴名释义】脘，指胃府，穴在胃之中部，故名中脘。

【体表定位】剑状软骨与脐孔连线的中点，腹正中线上，单穴。见图3-28。

【解剖结构】位于腹白线正中处，有腹壁后动、静脉和胸神经腹侧支分布。

【针刺方法】毫针直刺0.5~1 cm，或艾灸，或激光照射。

【功能主治】调理胃肠，理气止痛。主治消化不良、呕吐、胃痛、胃胀。

【实验研究】（1）据实验观察，针刺中脘穴可使健康人的胃蠕动增强，表现为幽门立即开放，胃下缘轻度升高。又，针刺中脘后，空肠黏膜皱襞增深、增密，空肠动力增强，上段尤为明显。（邱茂良主编. 针灸学. 人民卫生出版社，1985：127）

（2）大鼠皮下注射15%谷氨酸钠溶液，制成肥胖模型，随机分成模型组、电针组（选中脘穴、关元穴、三阴交穴、后三里穴）、西布曲明组，实验结束后分别测定各组大鼠血胆固醇（TC）、甘油三酯（TG）、高密度脂蛋白（HDL-C）、低密度脂蛋白（LDL-C）含量，脂蛋白脂肪酶（LPL）活性及血清瘦素和胰岛素水平。结果显示：电针组大鼠体重和 Lee's 指数较模型组均明显下降（$P<0.01$），电针组大鼠TG、TC和LDL-C含量均低于模型组（$P<0.01$），且优于西布曲明组（$P<0.05$）；电针组和西布曲明组HDL-C的含量都高于模型组（$P<0.01$），但两组间没有明显差异；电针组LPL活性较模型组明显升高（$P<0.01$）。电针组和西布曲明组血清瘦素、胰岛素水平均低于模型组（$P<0.05$，$P<0.01$），电针与西布曲明对胰岛素的影响差异没有显著意义，而电针组血清瘦素降低的程度比西布曲明组高（$P<0.01$）。说明电针中脘等穴能够改善肥胖大鼠的高血脂状态，提高LPL活性，同时调节血清瘦素和胰岛素水平。（王少锦等．针刺影响下丘脑性肥胖大鼠脂代谢相关因素的分析．针刺研究，2005，30（2）：75-79）

（3）将48只清洁级Wistar大鼠按析因设计随机分为8组，即模型组、足三里组、中脘组、内关组、足三里+中脘组、足三里+内关组、中脘组+内关组、足三里+中脘+内关组。采用无水乙醇灌胃法制作急性黏膜损伤模型。除模型组外，其他组大鼠在相应穴位施以电针。电针治疗结束后1 h，取大鼠的胃黏膜组织，分别进行胃溃疡指数的计算、组织学观察，并运用透射电镜进行超微结构观察。发现7个电针组胃黏膜损伤指数和病理损伤积分均比模型组显著降低（$P<0.05$），足三里+中脘+内关组比其他6个电针组降低更显著（$P<0.05$）。超微结构观察可见模型组胃黏膜壁细胞、主细胞内线粒体肿胀，嵴排列紊乱、断裂，甚至溶解；各电针组胃黏膜细胞损伤程度减轻，足三里+中脘+内关组更为明显。说明同时电针足三里穴、内关穴和中脘穴减轻胃黏膜损伤的作用优于其他单穴或双穴使用。（冀来喜等．电针保护大鼠急性胃黏膜损伤基本腧穴配伍"胃病方"的筛选．针刺研究，2008，33（5）：296-300）

（4）Wistar雄性大鼠45只，随机分为正常对照组、模型组和针刺组，各15只。用高脂饲料喂养制作肥胖模型。针刺大鼠后三里穴和中脘穴，并接通电针仪，频率10 Hz，电压1.5 V，每次治疗10 min，每日1次，连续治疗14 d。每10 d测体重、体长并计算Lee's指数。放射免疫法检测血清瘦素含量，免疫组织化学法检测下丘脑瘦素受体表达。结果显示：针刺组血清瘦素含量比模型组降低（$P<0.01$），下丘脑瘦素受体表达增加（$P<0.01$）；针刺组血清瘦素水平、下丘脑瘦素受体表达与正常组比较差异仍有显著性意义（$P<0.05$，$P<0.01$）。（杨春壮等．针刺对单纯性肥胖大鼠血清瘦素含量和下丘脑瘦素受体表达的影响．针刺研究，2007，32（6）：384-388）

56.下脘穴

【穴名释义】脘，指胃府，穴在胃之下部，故名下脘。

【体表定位】剑状软骨与脐孔连线的后1/4点，腹正中线上，单穴。见图3-28。

【解剖结构】两侧腹直肌肉质部之间；浅层有第9胸神经前支的前皮支及腹壁浅静脉的分支，深层有第9胸神经前支的分支。

【针刺方法】毫针直刺0.5～1 cm，或艾灸，或激光照射。

【功能主治】调理胃肠，理气止痛。主治消化不良、呕吐、腹痛、腹胀、腹泻。

【实验研究】采用磷酸二酯酶法（PDE）测定针刺下脘穴后，下脘穴局部及其同经的巨阙穴处组织的钙调素活性的变化。结果显示：针刺下脘穴后，其局部组织钙调素的活性明显高于同经巨阙穴处组织钙调素的活性（$P<0.01$），且两穴处组织钙调素的活性明显高于针刺前任脉组织钙调素的活性（$P<0.01$）。说明针刺可能对钙调素有一定的激活作用，针刺对钙调素的激活作用可能沿着经络系统传递。（潘兴芳等. 针刺对大鼠钙调素活性影响的实验研究. 针刺研究，2003，28（2）：138-140）

57.天枢穴

【穴名释义】穴名来源于人的天枢穴。

【体表定位】脐孔左、右1～3 cm，两侧各一穴。见图3-28。

【解剖结构】浅层为腹外斜肌腱膜及腹内斜肌腱膜，腱膜下有腹直肌，深层为腹横肌腱膜，有腹壁后动、静脉和腰神经分布。

【针刺方法】毫针直刺0.3～0.5 cm，或艾灸，或激光照射。

【功能主治】调理胃肠，理气止痛。主治腹痛、腹胀、腹泻、便秘。

【实验研究】（1）在建立大鼠溃疡性结肠炎模型的基础上，随机分为模型组、隔药灸组、电针组，并设立正常组。隔药灸组和电针组选取气海穴、天枢穴，分别进行隔药灸与电针治疗。疗程结束后，剖取动物结肠组织，应用电镜、流式细胞仪观察各组大鼠结肠组织结构的改变及上皮细胞凋亡的变化。结果显示：与正常组大鼠比较，溃疡性结肠炎模型大鼠结肠组织病理学改变的同时上皮细胞凋亡大量增加，电针、隔药灸可使上皮细胞凋亡得到显著的抑制。（吴焕淦等. 针刺对大鼠溃疡性结肠炎结肠上皮细胞凋亡影响的实验研究. 中国针灸，2005，25（2）：

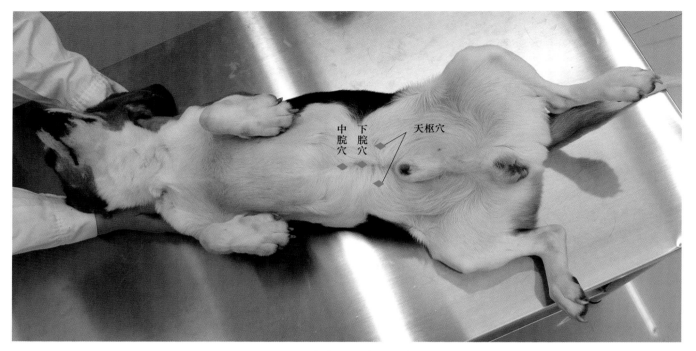

图3-28　中脘穴、下脘穴、天枢穴

119-122）

（2）采用高脂高糖饮食制备单纯肥胖大鼠模型。将造模成功的36只肥胖大鼠随机分为模型组、电针组和埋线组，各12只。电针组和埋线组均取天枢穴、脾腧穴、后三里穴，分别给予电针和穴位埋线干预，电针每日一次，埋线7日一次。15 d后，观察各组大鼠体质量变化，检测各组大鼠血清总胆固醇（TC）、甘油三酯（TG）、低密度脂蛋白胆固醇（LDL-C）水平，检测肝脏脂蛋白脂肪酶（LPL）和肝脂酶（HL）活性，脂肪组织过氧化物酶体增殖物活化受体γ（PPAR-γ）mRNA表达。结果发现：干预后，电针组和埋线组体质量及体质量增加均低于模型组（均$P<0.01$）。与正常组比较，模型组血清TC、LDL-C水平显著升高（均$P<0.01$）；肝脏LPL、HL活性下降（$P<0.05$，$P<0.01$），脂肪组织PPAR-γmRNA表达水平减弱（$P<0.05$）。与模型组比较，电针组和埋线组血清TC均下降（$P<0.05$，$P<0.01$），LDL-C水平亦下降（$P<0.01$，$P<0.05$），TG水平3组间差异无统计学意义（$P>0.05$），肝脏LPL活性有所升高（$P<0.01$，$P<0.05$），HL活性亦升高（均$P<0.01$），脂肪PPAR-γmRNA表达水平升高（均$P<0.01$）。表明电针和穴位埋线可通过提高脂肪PPAR-γmRNA的表达，增强肝脏LPL和HL活性，降低血清TC和LDL-C水平，从而达到减肥和调节脂质代谢紊乱的目的。（高磊等．电针和穴位埋线对单纯性肥胖大鼠脂质代谢基因PPAR-γ mRNA表达及相关脂代谢酶的影响．中国针灸，2011，31（6）：535-538）

58.腰夹脊穴

【穴名释义】穴在腰椎两旁，似夹持腰脊，故名。

【体表定位】即三焦腧穴、肾腧穴、气海腧穴、大肠腧穴、关元腧穴、小肠腧穴，左、右侧各6穴。（参见图3-23、图3-24、图3-26）

【解剖结构】因各穴位置不同，其肌肉、血管、神经也各不相同。大致分3个层次：浅层（斜方肌、背阔肌、菱形肌），中层（背侧、腹侧锯肌），深层（竖脊肌、横突棘肌）。每穴都有相应椎骨下方发出的脊神经后支及其伴行的动、静脉丛分布。

【针刺方法】毫针直刺1～3 cm，或艾灸，或激光照射。

【功能主治】通利关节，调理脏腑。根据穴位压痛及邻近穴位的选择，主治腰椎病重症及腹部和后肢疾患。

【实验研究】（1）从细胞免疫的角度探讨电针夹脊穴对佐剂性关节炎（AA）大鼠的疗效机制。以随机数字表法将30只雄性Wistar大鼠分为3组，每组10只。正常组不造模，不电针。模型组在大鼠右后足掌皮下注射弗氏完全佐剂0.1 mL，造成佐剂性关节炎模型。电针组于造模当天电针L_3、L_5夹脊穴30 min，每日1次，连续治疗7 d。正常组与模型组以与电针组相同的方式每天捆绑固定30 min，连续7 d。检测其痛阈、肿胀度及T细胞亚群的变化。结果发现：电针夹脊穴明显提高AA大鼠痛阈，显著抑制致炎大鼠原发足肿胀，显著提高CD_{8+}细胞百分率，降低CD_{4+}/CD_{8+}比值。表明：电针夹脊穴有明显的抗炎镇痛作用，其机制可能与调整AA大鼠紊乱的T细胞亚群有关。（吕玉玲等．电针夹脊穴对关节炎大鼠的治疗作用及对T细胞亚群的影响．针刺研究，2006，31（2）：82-85）

（2）45只成年雄性SD大鼠，随机分为假手术组、模型组和电针组（每组各15只）。采用改良的Allen's法建立大鼠脊髓损伤模型。电针组采用夹脊穴电针分别治疗3、7和14 d，采用等幅波，频率为2 Hz，电流为2～6 mA，每日电针1次。观察大鼠后肢运动情况，应用免疫组织化学方法观察损伤段脊髓灰质中表皮生长因子受体（EGFR）和胶质酸性纤维蛋白（GFAP）的表达变化情况。行为学实验观察到，电针组大鼠术后1周BBB评分显著高于模型组（$P<0.01$），但仍低于假手术组（$P<0.01$）。免疫组织化学染色发现：①模型组术后3 d，损伤段脊髓灰质中EGFR阳性细胞表达显著增多，7 d开始减少；电针组EGFR阳性细胞数明显少于模型组（$P<0.01$）。②损伤后GFAP的表达呈逐渐增加的趋势；在相应时间点电针组GFAP阳性细胞数量显著低于模型组（$P<0.01$）。说明夹脊穴电针治疗可通过抑制损伤部位EGFR的表达，减少星形胶质细胞的增生，从而有利于损伤后的神经再生。（彭彬等. 夹脊电针对大鼠脊髓损伤后表皮生长因子受体及胶质酸性纤维蛋白表达的影响. 针刺研究，2007，32（4）：219–223）

（3）经手术复制腰神经根受压模型。正常组、假手术组、模型组不做任何治疗；电针组进行电针治疗，取夹脊穴、环跳穴等穴；中频组采用中频治疗，取夹脊穴、环跳穴；电针加中频组先后进行电针与中频脉冲治疗，取穴及治疗时间与上两组相同。所有治疗均于造模成功后第5天开始，每日1次，连续治疗14 d。观察治疗前后大鼠患肢大体观，检测治疗后血浆血栓素B$_2$（TXB$_2$）、前列环素F$_{1\alpha}$（PGF$_{1\alpha}$）含量，并通过光镜观察受压神经根局部的病理变化。与治疗前相比，3个治疗组均能明显降低模型大鼠患肢神经功能评分（均$P<0.01$）。与模型组相比，电针组及电针加中频组TXB$_2$下降明显（均$P<0.01$），电针加中频组PGF$_{1\alpha}$上升明显（$P<0.01$），3组的TXB$_2$/PGF$_{1\alpha}$值均得到了良性调整（均$P<0.01$），同时电针组、电针加中频组的病理评分改善明显（均$P<0.01$）。说明电针结合中频治疗对腰神经根受压模型大鼠具有抗炎镇痛的作用；降低TXB$_2$、升高PGF$_{1\alpha}$、维持两者的动态平衡，从而改善微循环状态是其作用机制之一。（朱峰等. 电针结合中频对腰神经根受压模型大鼠抗炎镇痛的作用. 中国针灸，2011，31（8）：721–726）

（三）前肢腧穴

59.弓子穴

【穴名释义】肩胛软骨古称弓子骨，本穴位处肩胛软骨正中，故名。

【体表定位】肩胛软骨外侧正中处，左、右侧各一穴。见图3-29。

【解剖结构】浅层为肩臂皮肌、三角肌，深层为冈下肌，有肩胛下动、静脉和肩胛上神经分布。

【针刺方法】毫针沿肩胛冈方向向下刺入1~2 cm；或气针。

【功能主治】通经活络，祛风止痛。主治肩胛部扭伤、肩胛神经麻痹、肩胛风湿。

60.膊栏穴

【穴名释义】穴名来源于马的膊栏穴。

【体表定位】肩胛骨后角，左、右侧各一穴。见图3-29。

【解剖结构】浅层有背阔肌、菱形肌、腹侧锯肌，深层为前背侧锯肌、胸最长肌，有肩胛下动、静脉和肩胛下神经、胸背神经及胸神经的分布。

【针刺方法】下压穴区皮肤，毫针沿肩胛骨内侧面向前下方刺入1.5~3.5 cm。

【功能主治】活络通痹。主治肩部扭伤、肩胛神经麻痹。

【实验研究】研究艾灸肺腧穴、膏肓穴（相当于犬膊栏穴）对博莱霉素所致大鼠肺纤维化的阻抑作用，为针灸介入肺纤维化防治提供实验依据。实验用SD大鼠分为4组：对照组、模型组、艾灸组、泼尼松组。对照组气管内注入生理盐水，其余3组气管内注入博莱霉素制作大鼠肺纤维化模型。测定分析各组治疗后第7、14、28天肺组织病理学变化，比较各组第28天肺系数。结果：艾灸组及泼尼松组肺系数明显减小（$P<0.01$），肺组织病理学显示肺泡炎及肺纤维化程度均明显减轻。提示：艾灸肺腧穴、膏肓穴对肺间质纤维化具有一定的防治作用。（李戎等. 艾灸"肺俞""膏肓"对BLM[A5]诱导大鼠肺纤维化的影响. 中国针灸，2004，24（3）：204-207）

61.肺门穴

【穴名释义】穴在胸廓前方，似驻守在肺的大门前，故名。

【体表定位】肩胛骨前缘中点，左、右侧各一穴。见图3-29。

【解剖结构】肩胛前缘，浅层为颈斜方肌、冈上肌、斜角肌，达颈腹侧锯肌内，有颈外动、静脉，颈神经背侧支及腹侧神经分布，内部为臂神经丛。

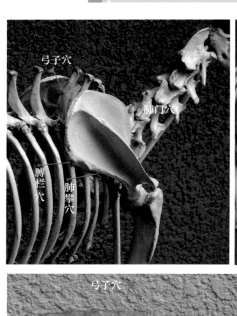
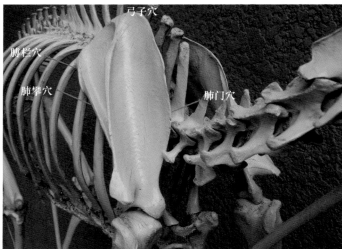
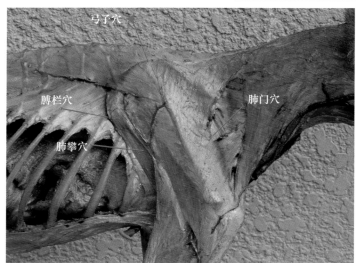

图3-29　弓子穴、膊栏穴、肺门穴、肺攀穴

【针刺方法】毫针，沿肩胛骨内侧面，向后下方刺入0.5~2 cm。

【功能主治】理肺气，通络，疗痹。主治咳嗽、前肢扭伤、麻痹、风湿。

62.肺攀穴

【穴名释义】穴名来源于马的肺攀穴。

【体表定位】肩胛骨后缘的上、中1/3交界处，左、右侧各一穴。见图3-29。

【解剖结构】浅层为三角肌后缘的臂三头肌长头，深层为胸腹侧锯肌、前背侧锯肌、胸髂肋肌、肋间肌，有肩胛下动、静脉及肌支，肋间神经背侧支和肩胛下神经分布。

【针刺方法】毫针，沿肩胛骨内侧面，向前方刺入0.5~2 cm。

【功能主治】理肺气，通络，疗痹。主治咳嗽、肩膊风湿、前肢麻痹。

63.肩井穴

【穴名释义】穴在肩上凹陷中，地形凹陷如井，故名。

【体表定位】肩峰（肩胛冈下缘）前下方的凹陷中，左、右肢各一穴。见图3-30。

【解剖结构】浅层为肩臂皮肌、肩胛横突肌、三角肌，深层为冈上肌，有臂动、静脉和肌皮神经分布。

【针刺方法】毫针直刺0.5~2.5 cm。

【功能主治】通经活络，消肿止痛。主治肩部扭伤、肩部神经麻痹。

64.肩外腧穴

【穴名释义】穴名来源于马的肩外腧穴。

【体表定位】肩峰后下方的凹陷中，肩关节后，左、右肢各一穴。见图3-30。

【解剖结构】浅层为肩臂皮肌、三角肌、冈下肌，深层为小圆肌、臂三头肌，有后旋臂深动、静脉和肩胛上神经、桡神经分布。

【针刺方法】毫针直刺1~3 cm，勿伤关节；或艾灸。

【功能主治】通经活络，消肿止痛。主治肩关节扭伤，前肢麻痹。

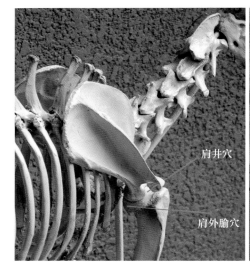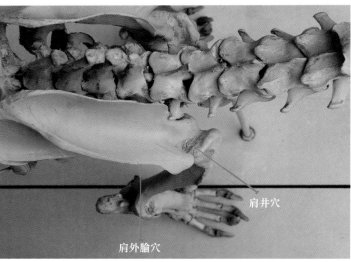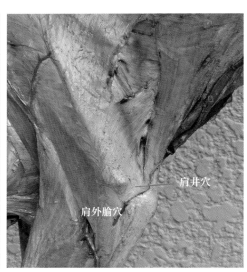

图3-30 肩井穴、肩外腧穴

65.抢风穴

【穴名释义】穴在肱骨后方，肱骨古称抢风骨，故名。

【体表定位】肱骨后方，肩端（肱骨大结节）与肘突连线的上1/3处，肌沟凹陷中，左、右肢各一穴。见图3-31。

【解剖结构】位于三角肌后缘，臂三头肌长头和外侧头之间的凹陷中，有臂动、静脉和桡神经分布。

【针刺方法】毫针直刺0.5～2 cm。

【功能主治】通络止痛，强肌疗痹。主治前肢肌肉扭伤、麻痹、前肢风湿症。

66.郄上穴

【穴名释义】犬专有穴名，位于肘窝之上。与人的"郄上穴"名、位均不同，勿混淆。

【体表定位】肱骨后缘，肩端与肘突连线的下1/4处，左、右肢各一穴。见图3-31、图3-32。

【解剖结构】浅层为肩臂皮肌、肘后肌，深层为臂三头肌，有前臂后皮神经和尺神经分布。

【针刺方法】毫针直刺2~4 cm，或艾灸。

【功能主治】通经活络，散瘀止痛。主治肘关节扭伤、前肢风湿、麻痹。

67.肘腧穴

【穴名释义】本穴主治肘关节病症，据其功效命名。

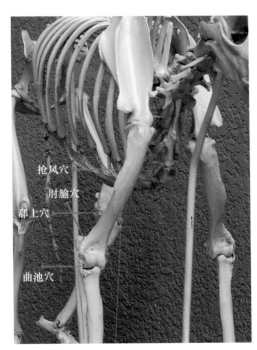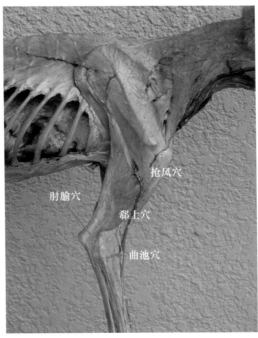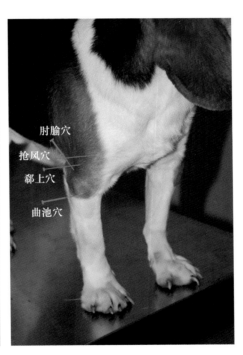

图3-31　抢风穴、郄上穴、肘腧穴、曲池穴

【体表定位】前肢外侧，肘突与肱骨的夹角中，左、右肢各一穴。见图3-31、图3-32。

【解剖结构】位于鹰嘴窝内，有臂三头肌、前臂筋膜张肌，有胸外神经分布。

【针刺方法】毫针斜向内前下方，刺入鹰嘴窝内，勿伤关节；或向内透刺至对侧皮下。

【功能主治】祛风疗痹，消肿止痛。主治肘头肿痛、肘关节扭伤、前肢麻痹。

68.曲池穴

【穴名释义】曲，穴在前臂屈曲处；池，气血蓄积之意。本穴能治疗肘关节气血壅滞之疾，故名。本穴名在部分兽医资料中作"前曲池穴"。

【体表定位】肘关节前缘外侧，左、右肢各一穴。见图3-31、图3-32。

【解剖结构】浅层为肩臂皮肌，有头静脉的属支和肌皮神经分布；深层为指总伸肌，有桡神经及桡侧返动、静脉和桡侧副动、静脉间的吻合支分布。

【针刺方法】毫针沿肘关节前缘刺入1～3 cm，勿伤关节。

【功能主治】通经活络，消肿止痛。主治肘关节扭伤、前肢麻木。

【实验研究】正常Wistar大鼠分别在电针、消炎痛（吲哚美辛）和罗非昔布预处理5 d后致角叉菜胶急性炎症模型。电针刺激曲池穴，刺激参数为：连续波，频率2 Hz，强度5 mA，时间30 min，每日1次，连续5 d；消炎痛和罗非昔布预处理分别以7.5 mg/kg灌胃，每日1次，连续5 d；另一组大鼠在相同造模后进行即刻电针处理（参数同电针预处理组）。以毛细管放大法检测足趾肿胀度，ELISA法检测炎症足爪PGE_2、IL-1β和TNF-α水平，RT-PCR法检测足爪炎症组织IL-1βmNRA、TNF-αmRNA表达。发现电针可有效抑制角叉菜胶致炎大鼠足趾肿胀，尤以造模后2、3 h最为显著；可降低大鼠炎症足爪组织中的PGE_2水平；不同时段电针介入治疗均能下调炎症足爪组织中IL-1β和TNF-α水平，但以造模后治疗为佳；电针对足爪炎症组织IL-1βmRNA、TNF-αmRNA表达产生不同程度的下调作用。说明电针对角叉

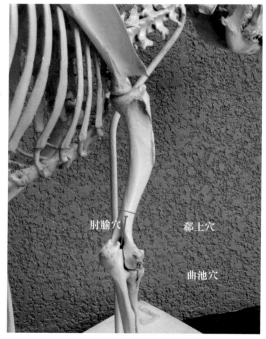

图3-32 郗上穴、肘腧穴、曲池穴

菜胶致炎大鼠急性炎症具有良好的抗炎效应，并通过抑制局部促炎症因子（如IL-1β、TNF-α）的生成与表达而控制炎症的发展。（方剑乔等．电针对角叉菜胶致炎大鼠的抗炎效应及对白细胞介素-1β、肿瘤坏死因子-α的影响．针刺研究，2007，32（4）：224-228）

69.前三里穴

【穴名释义】里，作居解。在人，名手三里。穴距手臂肘端三寸而居，故名。

【体表定位】小臂外侧，前肢指外侧伸肌与腕尺侧伸肌的肌沟中，肘关节与腕关节之间的上1/4处，左、右肢各一穴。见图3-33、图3-34。

【解剖结构】指外侧伸肌与腕尺侧伸肌的肌沟中，有正中神经分布。

【针刺方法】毫针直刺0.5～1.5 cm，或艾灸。

【功能主治】通络疗痹。主治前肢扭伤、风湿、麻痹。

【实验研究】用先进的温度传感针（其特点是仅针尖部对温度敏感）及其配套的测温仪，对10只家兔的200个穴点不同深度（皮下0.5 cm和1 cm）处温度进行测定。结果表明前三里穴、曲池穴、后三里穴、下巨虚穴、后三里下穴（后三里穴与上巨虚穴连线的中点）穴位和经线上非穴点深部温度较相应对照点深部温度高，且差异具有统计学意义，提示穴位和经线上非穴点深层组织能量代谢较为旺盛。所测穴点不同深度处的温度存在明显差异，1 cm深度处温度较0.5 cm深度处温度高，提示针刺时在一定深度行针刺手法或留针有其生理意义。（卫华等．家兔穴位和经线上非穴点与相应对照点深部温度测定．针刺研究，1995，2（4）：47-51）

70.三阳络穴

【穴名释义】在人，本穴为手三阳经交会之处，故名。

【体表定位】前肢外侧，尺、桡骨的间隙中，肘关节与腕关节之间的上1/3处，左、右肢各一穴。见图3-33、图3-34。

【解剖结构】浅层为腕尺侧伸肌，刺激正中神经，皮肤有桡神经发出的前臂后皮神经的属支分布。针由皮肤、皮下组织穿前臂的深筋膜入指伸肌腱，经拇长展肌和拇短伸肌，直达前臂骨间膜，以上诸肌由桡神经深支发出的肌支神经支配。

【针刺方法】毫针，斜向内上方，刺入尺、桡骨间隙，深度1～3 cm。

【功能主治】安神镇痛。用于电针麻醉。

71.四渎穴

【穴名释义】在人，本穴为手少阳三焦经穴，三焦者，决渎之官，通调水道，本
穴又位于三阳络穴之后，故名四渎。

【体表定位】小臂外侧，桡、尺骨间隙中，肘关节与腕关节之间的中点，左、右
肢各一穴。见图3-33、图3-34。

【解剖结构】浅层为腕尺侧伸肌、指外侧伸肌，深层为拇长外展肌，有正中神经
分布。

【针刺方法】毫针直刺2~4 cm，刺入尺、桡骨间隙；或艾灸。

【功能主治】通经活络。主治前肢扭伤、麻痹、风湿。

72.内关穴

【穴名释义】穴在腕关节内侧两筋之间的凹陷中，与外关相对，故名。

【体表定位】前臂内侧，桡骨与尺骨的间隙中，肘关节与腕关节之间的下1/4处，
左、右肢各一穴。见图3-34。

【解剖结构】浅层为腕桡侧屈肌与指深屈肌，有正中神经、正中动脉分布。

【针刺方法】氦氖激光照射5~8 min；或毫针直刺0.5~1 cm，刺入尺、桡骨间隙；
或艾灸。

【功能主治】宁心安神，通络疗痹。主治心悸动、心律不齐、癫痫、眩晕、前肢神经麻痹。

【实验研究】（1）对胃液分泌的影响，参见脾腧穴。

（2）针刺内关穴对冠状动脉结扎所致的急性心肌梗塞（现称心肌梗死）模型松扎后冠状动脉灌流恢复阶段的心外膜
心电图变化有明显影响，提示针刺内关穴有助于松扎后增加冠状动脉流量，改善心肌供氧，从而使心肌损伤程
度减轻。（周逸平等．内关穴位特异性的研究——针刺对犬心外膜心电图的影响．针刺研究，1984（1）：34-

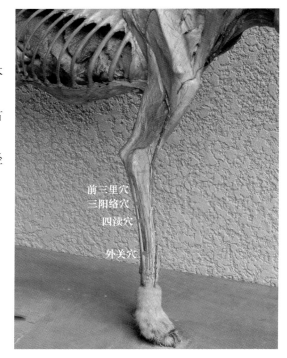

前三里穴
三阳络穴
四渎穴

外关穴

图3-33　前三里穴、三阳络穴、四渎穴、外关穴

40)

（3）电针内关穴对冠状动脉结扎致心肌梗塞过程中冠状动脉窦血清总SOD的升高有抑制作用。（喻晓春.犬实验性心肌缺血后冠脉窦血超氧化物歧化酶的变化及其电针效应的观察.中国病理生理杂志，1991（2）：206）

（4）针刺可以减轻实验性心绞痛犬心肌缺血性损伤程度，缩小其损伤范围。此结果可能与针刺可改善冠状动脉侧支循环有关。（吴培林.针刺对实验性心绞痛犬心肌缺血性损伤程度和范围的影响.皖南医学院学报，1996，15（4）：299-300）

（5）电针内关穴或足三里穴对静脉注射扩血管药硝普钠造成的实验性低血压具有显著的升压作用，心输出量增加，

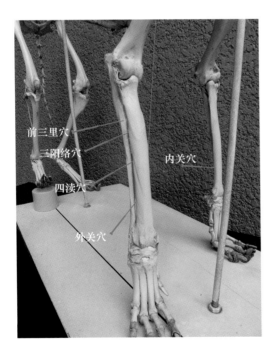
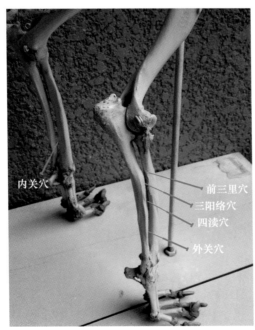
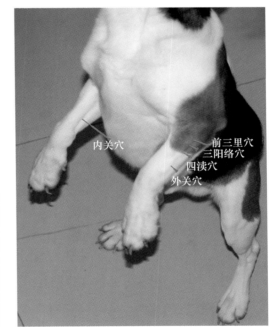

图3-34　前三里穴、三阳络穴、四渎穴、内关穴、外关穴

而心率和呼吸频率无明显变化，肾血流量减少，肠系膜上动脉及股动脉血流量变化不显著，静脉注射纳洛酮不能阻断电针的升压作用，而注射阿托品或东莨菪碱后给予电针不再出现升压效应。（肖永福. 硝普钠造成犬低血压时电针升压作用的机制分析. 生理学报，1983，35（3）：257-263）

（6）记录兔（$n=12$）左颈总动脉血压，观察电针双内关穴、右主动脉神经对动脉血压的影响及相互关系，发现二者对血压均有调节作用，电针内关穴可对抗电刺激主动脉神经引起的降压作用，为内关穴调节血压的中枢机制提供了动物实验依据。（李汉先等. 电针"内关穴"抗主动脉神经的降压作用的动物实验方法. 针刺研究，1999，24（4）：291-292）

（7）在急性心肌缺血家兔模型上观察侧脑室微量注射去甲肾上腺素对心肌缺血的影响以及侧脑室注射酚妥拉明和心得安（普萘洛尔）对电针内关穴心脏效应的影响。发现去甲肾上腺素使心肌缺血恢复变慢，电针内关穴则能加快心肌缺血的恢复；酚妥拉明阻断电针内关穴的效应，而心得安不对抗电针的效应。提示中枢肾上腺素能系统参与电针内关穴的心脏效应，电针内关穴可能通过兴奋α受体、抑制β受体兴奋起作用。（李伊为等. 中枢肾上腺素能系统在内关与心脏相关联系中的作用. 针刺研究，2000，25（4）：263-266）

（8）采用胶原酶加肝素联合注射尾状核复制脑心综合征（CCS）模型。复制成功的大鼠12只再分为模型组和电针组各6只。电针组大鼠电针水沟穴、风府穴、内关穴、心腧穴，每次20 min，每日1次，连续3 d。于实验72 h后观察脑和心肌组织病理形态学变化。发现电针组颈交感神经节去甲肾上腺素转运蛋白（NET）mRNA相对表达量较模型组增加（$P<0.01$），电针组心肌β_1肾上腺素能受体（β_1-AR）mRNA相对表达量较模型组增加（$P<0.01$）。显示：①颈交感神经节NET mRNA表达下调可能参与CCS的发生发展，针刺早期防治可拮抗这种变化，能有效阻止NET mRNA表达下调；②心肌β_1-AR mRNA表达下调可能参与CCS的发生发展，针刺早期防治可能直接干预β_1-AR mRNA表达下调，或干预其上游调控因素NET mRNA表达的下调。这些可能是针刺防治CCS交感通路的作用机制之一。（曹健等. 针刺对脑心综合征大鼠颈交感神经节去甲肾上腺素运转蛋白 mRNA和心肌β_1肾上腺素能受体mRNA表达的影响. 针灸研究，2011，36（4）：252-257）

73.外关穴

【穴名释义】穴在腕关节后2寸的凹陷中，与内关相对，故名外关。

【体表定位】前臂外侧，桡骨与尺骨的间隙中，肘关节与腕关节之间的下1/4处，左、右肢各一穴。见图3–33、图3–34。

【解剖结构】浅层为指外侧伸肌和指总伸肌，深层为拇长展肌，有桡神经的分支分布。

【针刺方法】氦氖激光照射5~8 min；或毫针直刺0.5~1 cm，刺入尺、桡骨间隙；或艾灸。

【功能主治】通经活络，疏表解热。主治桡、尺神经麻痹，前肢风湿，便秘，缺乳。

【实验研究】SD大鼠随机分为假手术组、模型组、电针治疗组（取左侧肩髃穴、外关穴、髀关穴、足三里穴）、穴位对照组（取左侧曲泽穴与郄门穴连线中点、五里穴与阴包穴连线中点和膝关穴与中都穴连线中点），电针参数为：连续波，频率10 Hz,波宽0.6 ms，电压1.5~3 V（以肌肉轻微抽动为度），时间10 min。每日1次，共3 d。假手术组和模型组只固定、不针刺。三动脉结扎法造成大鼠全脑缺血再灌注损伤模型，硝酸还原酶法测定血清NO含量，放射免疫法测定血浆内皮质素（ET）含量，原子吸收分光光度计测定脑组织Ca^{2+}含量，干湿重法测定脑组织含水量。与假手术组比较，模型组结扎颈总动脉30 min的血清NO含量明显降低，血浆ET含量无明显变化；再灌注30 min，血清NO含量显著降低，血浆ET含量显著增加；再灌注120 min，脑组织Ca^{2+}含量和含水量显著增加。电针能显著升高再灌注30 min后血清NO含量，降低血浆ET含量、脑组织Ca^{2+}含量和含水量，与模型组比较有显著性差异。说明脑缺血再灌注急性期血清NO含量降低而ET含量升高，电针治疗脑缺血再灌注损伤的机制可能与升高血清NO含量和降低血浆ET含量有关。（王军等.电针对全脑缺血再灌注大鼠血中一氧化氮、内皮素含量的影响. 针刺研究，2007，32（2）：98–101）

74.胸堂穴

【穴名释义】穴名来源于马的胸堂穴。

【体表定位】大臂前外侧，臂三头肌与三角肌之间，头静脉的明显处，左、右肢各一穴。见图3–35。

【解剖结构】位于头静脉上。

【针刺方法】以采血针顺血管疾刺出血。

【功能主治】泻心火，散瘀止痛。主治中暑、肩肘扭伤、前肢风湿症。

75.膝脉穴

【穴名释义】穴在腕关节内侧的脉络上。腕关节似人站立时的膝关节，故名。

【体表定位】第1腕掌关节内侧下方，第1、2掌骨间的掌心浅静脉上，左、右肢各一穴。见图3-36。

【解剖结构】掌心浅静脉上。

【针刺方法】三棱针点刺。

【功能主治】祛风通络，消肿止痛。主治腕、指关节扭伤及中暑、感冒、风湿症。

76.阳池穴

【穴名释义】背侧属阳，其处凹陷如池，故名阳池。

图3-35　胸堂穴

图3-36　膝脉穴

【体表定位】腕关节背侧，腕骨与尺骨远端连接处的凹陷中，左、右肢各一穴。见图3-37、图3-38。

【解剖结构】有前臂头动、静脉和桡神经分布。

【针刺方法】毫针或三棱针点刺。

【功能主治】通经活络，消肿止痛。主治腕、指扭伤，前肢神经麻痹，感冒。

77.腕骨穴

【穴名释义】穴在外侧腕前骨下凹陷处，故名。

【体表定位】小臂外侧，尺骨远端和副腕骨间的凹陷中，左、右肢各一穴。见图3-37、图3-38。

【解剖结构】有尺神经分布。

【针刺方法】毫针直刺至对侧皮下，0.5～1.5 cm。

【功能主治】消肿止痛。主治腕、指关节扭伤，胃炎。

78.合谷穴

【穴名释义】第1、2掌骨之间，两骨相合，形如山谷，故名合谷。

【体表定位】第1、2掌骨之间，第2掌骨内缘中点处，左、右肢各一穴。见图3-38。

【解剖结构】在第1、2掌骨之间，浅层为拇长外展肌，深层为骨间肌；有指背静脉网，为头静脉的起部，腧穴近侧正当桡动脉从掌背侧穿向掌侧之处。浅层有桡神经浅支的掌背侧神经分布，深层有正中神经的指掌侧固有神经分布。

【针刺方法】毫针，沿指缝向后上方斜刺1～3 cm。

【功能主治】祛风通络。主治感冒、牙痛、耳聋。

【实验研究】（1）将大鼠随机分为正常组、模型组、电针组。选取双侧合谷穴电针穴位，采用原位杂交法检测血管内皮生长因子（VEGF）mRNA的表达，免疫组化法检测血管生成素（Ang-1）和内皮抑素（Endostatin）蛋白的表达。发现模型组VEGF mRNA、Ang-1蛋白、Endostatin蛋白的表达较正常组增加（$P<0.05$）；电针组VEGF mRNA、Ang-1蛋白比模型组增加更明显（$P<0.05$），而Endostatin蛋白表达增加较模型组明显下降，差异有显著性意义（$P<0.05$）。说明电针可能通过上调血管生长因子和下调血管抑制因子的表达来促进局灶脑缺血再灌注后的血管新

生。（马璟曦等．电针对大鼠局灶脑缺血再灌注后脑内血管生长因子和血管抑制因子表达的影响．中国针灸，2007，27（2）：129-133）

（2）雄性Wistar大鼠用Walke-256细胞株复制种植性胃癌模型，并行手术根治。术后第3天，将大鼠随机分为9组：足三里组、合谷组、三阴交组、足三里＋合谷组、合谷＋三阴交组、足三里＋三阴交组、足三里＋合谷＋三阴交组、非穴位针刺组和模型组，每组6只；另设正常组6只。电针治疗选择疏密波，频率2～100 Hz，电流1～3 mA，每日1次，持续30 min，共7 d。用单向免疫扩散法测定各组大鼠外周血中体液免疫指标：免疫球蛋白IgG、IgM、IgA，补液C3、C4含量；流式细胞仪测定细胞免疫指标：T淋巴细胞亚群$CD4^+$、$CD8^+$细胞百分率及$CD4^+/CD8^+$比值。发现针刺各组体液免疫、细胞免疫水平增高，与模型组比较差异有显著性（$P<0.05$，$P<0.01$）。与正常组比较，足三里＋合谷＋三阴交组体液免疫、细胞免疫水平差异无显著性意义（$P<0.05$）。说明电针足三里穴、合谷穴、三阴交穴对大鼠胃癌根治术后低下的免疫功能有明显促进作用，3个穴位同时使用刺激机体免疫功能作用最好。（赖敏等．电针不同穴位对胃癌大鼠术后免疫功能的影响．针刺研究，2008，33（4）：245-249）

（3）共79只Wistar大鼠，包括40只正常未孕和39只已孕18～19 d的临产大鼠，用1.5%氯醛糖（50 mg/kg）和25%乌拉坦（420 mg/kg）混合液腹腔麻醉。前者随机分为对照组、内关组、合谷组、三阴交组，每组10只；后者随机分为对照组、内关组和三阴交组，每组13只。腹壁切开后，于左侧中段子宫浆膜下埋藏一对针式不锈钢电极，记录子宫平滑肌的电活动。电针取双侧内关穴、合谷穴、三阴交穴，刺激参数为：频率2/15 Hz，强度1～2 mA，持续20 min。发现：①在正常非孕鼠上，与对照组相比，电针三阴交穴后，子宫肌电爆发波的频率和幅度、慢波的幅度明显增加（$P<0.05$）；电针合谷穴对爆发波的频率有类似三阴交穴的作用；而电针内关穴后，爆发波的频率和幅度及慢波的频率明显降低（$P<0.05$）。与内关组比较，三阴交组、合谷组电针期间和停电针后0～5 min大多数指标均有显著性差异（$P<0.05$，$P<0.001$）。②在妊娠后期大鼠上，与对照组相比，电针三阴交穴后，子宫肌电爆发波的频率和幅度及慢波的幅度增加（$P<0.05$）且持久；电针内关穴后，子宫肌电爆发波、慢波的频率明显降低（$P<0.05$）；两组相比，爆发波的频率和幅度、慢波波幅在电针期间和停针后许多时程均有显著性差异（$P<0.05$）。说明电针三阴交穴和合谷穴可兴奋子宫平滑肌的电活动，三阴交穴的作用更强，而电针内关穴则抑制子宫平滑肌的电活动，不同穴位的作用具有相对特异性。（刘俊岭等．电针不同穴位对大鼠子宫平滑肌电活动的影响．针刺研究，2007，32（4）：237-242）

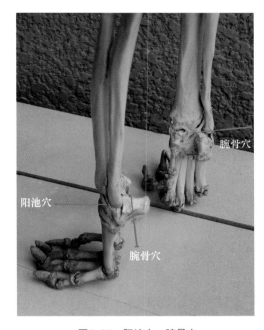

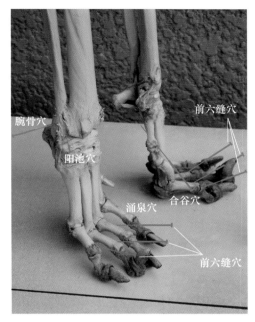

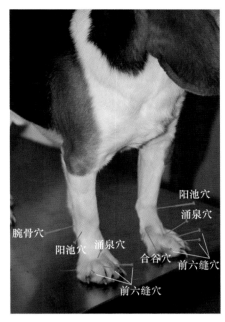

图3-37　阳池穴、腕骨穴　　　　　　　　　　图3-38　阳池穴、腕骨穴、合谷穴、涌泉穴、前六缝穴

（4）针刺合谷等穴对放疗或化疗而致白细胞减少症的患者有显著效果。（参见大椎穴）

79.涌泉穴

【穴名释义】人的涌泉穴在足底，穴名比喻经气如泉水涌出于下。本穴与人的涌泉穴同名不同位。

【体表定位】第3、4掌骨远端之间的凹陷中，左、右肢各一穴。见图3-38。

【解剖结构】掌背侧静脉上，有第3指背侧总神经分布。

【针刺方法】毫针直刺0.5～1 cm，或氦氖激光照射3～5 min。

【功能主治】清热，通络，疗痹。主治腕痛、腕关节无力、前肢闪伤、麻痹。

80.前六缝穴（指间穴）

【穴名释义】穴在前肢指缝间，共6穴，故名。

【体表定位】前肢指关节第2、3、4指间皮肤皱褶处，左、右肢各3穴。见图3-38。

【解剖结构】有掌背侧动、静脉，指背侧固有神经分布。

【针刺方法】毫针沿指缝向后下方刺入1~3 cm。

【功能主治】清热开窍，通络疗痹。主治指扭伤、前肢麻痹、颈椎病、中毒。

（四）后肢腧穴

81.环跳穴

【穴名释义】人环跳穴，取穴时，使人侧卧，屈膝屈髋，成环曲欲跳跃状，故名。

【体表定位】腰荐十字部中心点与股骨大转子连线的外1/3处，左、右侧各一穴。见图3-39。

【解剖结构】浅层为股二头肌、臀浅肌、臀中肌，深层为臀深肌、梨状肌，有臀后动、静脉和坐骨神经分布。

【针刺方法】毫针，向髋关节方向直刺0.5~3.5 cm，勿伤关节；或氦氖激光照射5~10 min。

【功能主治】利腰胯，通关节，活络疗痹。主治后肢疼痛、髋关节不利、风湿、后肢肌肉萎缩。

【实验研究】（1）健康成年雌性SD大鼠48只，随机分为空白对照组（$n=12$）、模型组（$n=12$）、穴位电针组（$n=12$）和非穴位电针对照组（$n=12$）。除空白对照组外，其他各组大鼠于左后肢外踝关节皮下注射完全弗氏佐剂（CFA，Sigma公司产品）50 μL制备单发局限性佐剂性关节炎模型。对其进行行为学观察，研究电针患侧环跳穴、阳陵泉穴对背屈、跖屈踝关节疼痛试验评分的影响，并结合免疫组化技术，观察电针对佐剂性关节炎大鼠致炎后第6天和第16天病灶局部皮肤内源性大麻素2型受体（CB2）阳性细胞免疫反应性的影响。发现：①电针佐剂性关节炎模型大鼠致炎足同侧穴位，可产生明显镇痛作用，且电针效果在致炎后第3~5天最为显著，穴位电针组背屈、跖屈踝关节疼痛试验评分在致炎第3天和第5天均较模型组和非穴位电针对照组降低（$P<0.05$）。②免疫组化结果显示，

致炎后第6天穴位电针组大鼠炎性痛病灶局部皮肤组织CB2受体阳性细胞的数量显著高于空白对照组、模型组和非穴位电针组（$P<0.05$）；致炎后第16天穴位电针组该值与空白对照组、模型组和非穴位电针组间统计学差异不明显（$P>0.05$）。表明电针腧穴可使炎症病灶局部皮肤组织CB2受体免疫反应阳性细胞的数量显著上调，从而调控炎性痛病灶局部组织中致炎致痛物质与镇痛物质之间的平衡，解除局部病灶神经免疫微环路的激活状态，通过外周途径缓解疼痛。（李俊君等．电针对佐剂性关节炎大鼠病灶局部皮肤CB2受体阳性细胞免疫反应性的影响．针刺研究，2007，32（1）：9–15）

（2）电针环跳穴对腰神经根受压模型大鼠具有抗炎镇痛作用。（参见腰夹脊穴）

（3）在完全弗氏佐剂关节炎大鼠模型上，分别腹腔注射5、10、20 mg/（kg·d）曲马多和10 mg/（kg·d）生理盐水10 d，采用辐射热缩腿反射的方法，记录每次给药24 h后痛敏分数变化。继而分为单独应用10 mg/（kg·d）曲马多、单独应用电针针刺单侧环跳穴和阳陵泉穴、曲马多与电针配合使用及10 mg/（kg·d）生理盐水4组（均为10 d），观察每次给药或/和电针24 h后痛敏分数变化。发现5 mg/（kg·d）曲马多连续应用10 d时，大鼠痛敏分数无明显变化；10 mg/（kg·d）曲马多应用9 d时大鼠痛敏分数显著提高；20 mg/（kg·d）曲马多应用6 d时大鼠痛敏分数即显著提高。单独应用电针8 d时大鼠痛敏分数显著提高；10 mg/（kg·d）曲马多与电针合用4 d可明显提高大鼠痛敏分数。说明长期应用曲马多对慢性炎症痛大鼠具有镇痛作用，呈剂量相关性；曲马多与电针合用可加强电针的镇痛作用，并降低曲马多使用剂量。提示曲马多与电针合用是一种治疗慢性痛的有效方法。（谢虹等．曲马多加强针刺对关节炎大鼠的镇痛作用．针刺研究，2003，28（1）：38–41）

82.大胯穴

【穴名释义】位于髋关节前下方，紧邻胯骨，故名。

【体表定位】股骨大转子前下方的凹陷中，左、右肢各一穴。见图3–39。

【解剖结构】浅层为阔筋膜张肌，深层为股四头肌，穴区有臀前动、静脉和臀前神经分布。

【针刺方法】毫针，向髋关节方向斜刺0.5～3.5 cm，勿伤关节；或艾灸。

【功能主治】通利关节，祛风止痛。主治髋关节不利、腰胯疼痛、后肢风湿。

83.小胯穴

【穴名释义】穴在大胯穴后，功同大胯穴，故名。

【体表定位】股骨第三转子后下方的凹陷中，左、右肢各一穴。见图3-39。

【解剖结构】股骨第三转子后下方的凹陷处，股二头肌前缘的肌间隙内。浅层为股二头肌、股方肌，有股后动、静脉及胫神经近侧肌支分布；深层后缘有腓神经和胫神经干通过。

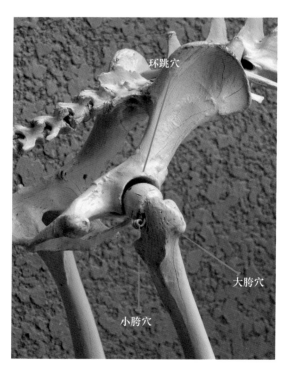
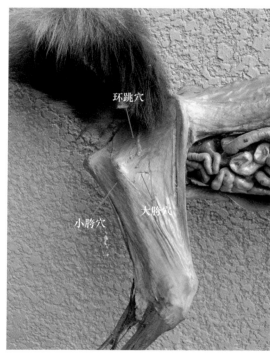
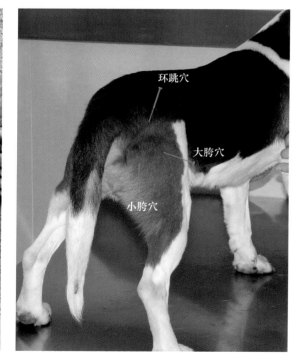

图3-39　环跳穴、大胯穴、小胯穴

【针刺方法】毫针，向髋关节方向斜刺1~3.5 cm，勿伤关节；或艾灸。

【功能主治】通利关节，祛风止痛。主治髋关节不利、腰胯疼痛、后肢风湿。

84.膝凹穴

【穴名释义】据穴位解剖部位命名。

【体表定位】后肢外侧，膝韧带后缘的凹陷中，左、右肢各一穴。见图3-40。

【解剖结构】周围有膝下脂肪体，有隐神经分布。

【针刺方法】毫针，沿膝韧带后缘刺入0.5~1 cm。

【功能主治】祛风湿，消肿痛。主治膝关节炎。

【实验研究】电针大鼠膝前穴（相当于犬膝凹穴）、后三里穴，采用连续波，每日1次，每次20 min，5次为一个疗程，休息2 d，治疗2个疗程。发现针刺对骨关节软骨细胞中基质金属蛋白酶-1（MMP-1）、基质金属蛋白酶-3（MMP-3）及组织金属蛋白酶抑制剂-1（TIMP-1）的表达有影响，下调MMP-1和MMP-3，上调TIMP-1，作用优于扶他林乳剂涂擦膝关节药物组，说明针刺对骨关节等软骨具有一定的保护作用。（包飞等. 针刺对膝骨关节炎大鼠软骨基质金属蛋白酶及其抑制剂表达的影响. 中国针灸，2011，38（3）：241-246）

85.阳陵穴

【穴名释义】穴名来源于马的阳陵穴，部分资料中称"阳陵泉穴"。

【体表定位】膝关节外侧后下方，腓骨头前下方，胫、腓骨间隙中，左、右肢各一穴。见图3-40。

【解剖结构】膝关节后方，胫骨外侧髁后上缘的凹陷处，在股二头肌前、后两部之间深部与腓肠肌之间的肌间隙内。有股后动、静脉和胫神经的分支。

【针刺方法】毫针，向胫、腓骨骨缝中，刺入2~4 cm。

【功能主治】通经活络，祛风疗痹，安神镇痛。主治膝关节扭伤、后肢麻痹。与后三里穴配合作针灸麻醉。

【临床研究】针灸麻醉应用在犬临床剖腹产。1988年3月至1990年10月间，临床剖腹产雌犬品种为博美、马尔基斯、约克夏、贵宾、吉娃娃与西施犬，体重为1.5~4.0 kg，共150例，其中50例为对照组，100例为针疗组。

对照组以常规方式，静脉注射镇静药，术野局部注射局部麻醉药，待取出胎儿后，视需要再注射静脉麻醉药或吸入气体麻醉，以完成手术。

针疗组100例，静脉注射镇静药后，仅在双侧后三里穴与阳陵泉穴用一寸针下针，针刺得气后，再来回强力提插捻转，约1 min，以得较强之针感，不用局部麻醉药，即直接下刀；取出胎儿后，也不再注射静脉麻醉药或吸入气体麻醉，续行子宫壁缝合、腹肌层缝合与皮肤缝合，完成手术。本法仅施以手针，不用电针机，也不必等待电针诱导期。

针疗组犬术中安定，不挣扎，腹部不用力使肠脱出腹腔外者为90例，占90%；术后5~10 min即能站起者92例，占92%；术后30 min内能走动者88例，占88%。对照组术中不挣扎者占68%，5~10 min内能站起者占56%，30 min内能走动者占50%。（杨清容等．新兽医针灸学：第四册．华香园出版社，2009：927–929）

86.委中穴

【穴名释义】在人，本穴在腘窝横纹中央，取穴时委屈关节，故名。

【体表定位】膝关节后方，腘窝正中点，左、右肢各一穴。见图3–40。

【解剖结构】在腘窝正中，有腘筋膜，在腓肠肌内、外头之间；有腘动、静脉及股后皮神经、胫神经分布。

【针刺方法】毫针直刺0.3~3.5 cm。

【功能主治】强腰疗痹，活络止痛，缩尿。主治腰痛、后肢萎软、尿不利、遗尿、皮肤瘙痒。

【实验研究】（1）比较不同经穴电针治疗大鼠慢性神经源性痛的疗效。选用大鼠L_5L_6脊神经结扎慢性神经源性痛模型，给予不同经穴的电针治疗，穴位选用夹脊穴（L_5）、环跳穴、委中穴、阳陵泉穴和足三里穴。采用引起缩足的机械刺激阈值（50%缩足阈值）来评价机械性痛觉超敏，用大鼠5 min内在（5±1）℃冷板上的抬脚次数来反映冷诱发的持续性疼痛。分别于电针后即刻及电针后24、48和72 h检测冷诱发的持续性疼痛，电针后即刻及电针后12、24和48 h检测机械性痛觉超敏（50%缩足阈值），发现：以上5个穴位单次电针均有较好的镇痛作用，对冷诱发的持续性疼痛的抑制均可持续至电针后24 h,其中委中穴对冷诱发的持续性疼痛的抑制作用可持续至电针后48 h；对机械性痛觉超敏的镇痛作用即刻效果较好，电针后12 h消失。5个穴位镇痛强度之间在统计学上无显著差异。临床经验提示穴位选择是影响针刺镇痛效果的重要因素之一。在本实验条件下，委中穴电针后的镇痛作用持续时间最长，可以认为效果最优。（王贺春等．不同穴位电针治疗大鼠慢性神经源性痛的疗效比较．针刺研究，

2002，27（3）：180–185）

（2）SD大鼠随机分成对照、模型、假模型、电针、假电针5组，每组10只。制备坐骨神经分支损伤（SNI）模型：双结扎并切断一侧坐骨神经的分支腓总神经后胫前神经，仅留腓肠神经。于造模前一天、造模次日及第4、7、9、15天，测定大鼠自由状态下损伤侧机械和热痛阈。第9天开始，电针（2 Hz，起始1 mA，每10 min增加1 mA，共30 min）和假电针组（插针不通电）分别电针和假电针环跳穴和委中穴进行干预，1次/d，共7 d。第15天收集样品，用OPA柱前衍生高效液相色谱法测定兴奋性氨基酸神经递质含量。发现：电针可显著扭转SNI模型大鼠的机械痛阈下降（$P < 0.01$）；假电针也有显著效果（$P < 0.05$），但与电针仍有差异（$P < 0.05$），模型组脊髓微透析液中兴奋性氨基酸显著增加（$P < 0.01$）；经电针或假电针干预后，透析液中谷氨酸（Glu）显著减

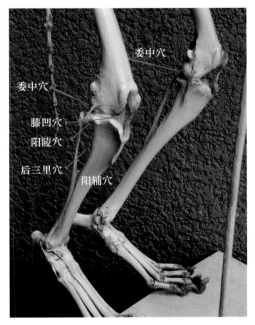
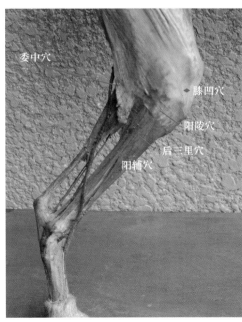
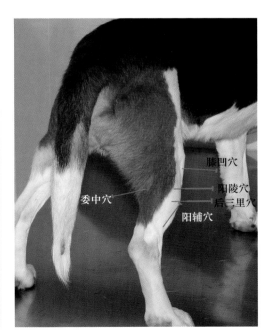

图3–40　膝凹穴、阳陵穴、委中穴、后三里穴、阳辅穴

少（$P<0.01$），电针引起的变化大于假电针（$P<0.01$）。模型组脊髓组织匀浆中Glu含量显著增多（$P<0.01$），电针可显著降低之（$P<0.01$），假电针也有类似作用（$P<0.05$）。说明电针对神经病理性疼痛SNI模型有显著镇痛作用，该作用与电针显著抑制脊髓背角兴奋性氨基酸神经递质的释放密切相关。（马骁等. 电针对神经病理性疼痛大鼠背根神经节和脊髓谷氨酸和天门冬氨酸含量的影响. 针刺研究，2008，33（4）：250–254）

87.后三里穴

【穴名释义】本穴相当于人的足三里。三里，即三寸，本穴位于膝眼下三寸，故名。

【体表定位】小腿外侧，胫骨与腓骨的间隙中，膝关节与跗关节之间的上1/4处，左、右肢各一穴。见图3-40。

【解剖结构】位于胫骨前肌、趾长伸肌与趾深屈肌之间，有腓神经分布。

【针刺方法】毫针直刺0.5～3.5 cm，刺入胫骨与腓骨的间隙中。

【功能主治】理脾和胃，通经活络，补虚疗痹。主治消化不良、腹泻、腹痛、后肢痿痹、虚弱。

【实验研究】（1）电针犬足三里穴后，幽门括约肌总压力、基础压、频率均显著下降，血浆及胃黏膜组织中降钙素基因相关肽含量显著上升，内皮素含量显著下降,血浆生长抑素含量显著下降，血浆一氧化氮含量显著上升。（孙大勇.电针对犬幽门括约肌压力的影响及作用机制. 华南国防医学杂志，2009，23（4）：5-7）（孙大勇等. 穴位电针影响犬幽门压力与生长抑素和一氧化氮的关系. 第四军医大学学报，1999，20（8）：681–683）

（2）针刺后犬胃液分泌量及总酸度显著升高，其作用可持续十多天；胃液中游离盐酸增多，而结合盐酸减少；针刺足三里穴皮肤表层，或夹该处皮肤作为痛刺激未能发现规律性变化，这意味着穴位不分布在皮肤表层，而位于皮肤深部组织中，且作用于穴位的有效因素不是痛刺激；针刺前肢相当于足三里穴位处对胃液分泌量、总酸度及游离酸的影响与针刺足三里穴的效果相反，具有抑制性作用，表明足三里穴对胃功能的影响有特异性作用。（梁述祖等. 针刺犬足三里穴对胃液分泌量及酸度的影响. 兰州大学学报（自然科学版），1963（2）：75-84）

（3）针刺犬足三里穴、阑尾穴、中枢穴，经平均45 s潜伏期，即引起炎症盲肠运动增强、局部充血，用1.5%奴佛卡因（普鲁卡因）穴区封闭或切断迷走神经后，即无此效应。昆仑穴等其他穴位无此效应。（高春生. 针刺对犬盲肠运动的影响——报道（Ⅱ）：迷走神经的作用的研究. 安徽医科大学学报，1960（Z1）：52-57）

（4）针刺家犬足三里穴可加强静息状态下的小肠运动功能，但对静脉注射一氧化氮合酶抑制剂导致的小肠运动亢进有明显的抑制作用。（谭晓红等．针刺足三里穴对犬小肠运动功能的影响．湖南中医学院学报，1997，17（1）：64–66）

（5）电针足三里穴对静脉注射山梗菜碱引起的实验性高血压有降压作用。（李鹏等．缓冲神经在电针抑制犬急性实验性高血压中的作用．基础医学与临床，1983，3（1）：9–10）

（6）电针足三里穴对正常动物的血压、心率、呼吸并无显著影响；对静脉内匀速注射去甲肾上腺素造成的急性实验性高血压模型则具有显著的降压效应，而对心率和呼吸无明显影响。电针产生降压效应时，内脏血管舒张，血流量增加，而心输出量并不减少，且降压效应不被阿托品阻断。其机制可能与电针时中枢神经内产生的内源性鸦片样物质有关。（林树新．针刺对急性实验性高血压抑制效应的机制分析．生理学报，1981，33（4）：335–342）

（7）针刺人及家兔的足三里穴，发现裂解素（主要裂解含有大量多糖体的G^-杆菌，还能灭活某些病毒）含量增加。人增加17.85 U，兔增加62.1 U，两者均在针刺12h增加最显著。又，针刺家兔的足三里穴，可使其调理素明显增加，从而促进白细胞吞噬指数上升，增强其免疫功能。（邱茂良．针灸学．人民卫生出版社，1985：41–42）

（8）针刺足三里穴对低血压模型犬有升压作用，参见内关穴。

（9）将健康雌性SD大鼠32只随机分成4组：正常组、模型组、针刺组、西药组，每组各8只。除正常组外对其他组大鼠进行摘卵巢手术制造骨质疏松模型。针刺组采用30号针刺入双侧足三里穴、三阴交穴，连接电针，刺激频率为1~3 Hz，波形为疏密波，波宽1 ms，强度0.7~1.0 mA，每日1次，每次电针持续20 min；西药组灌服浓度为5%的尼尔雌醇，每只灌服5 mL/周，其他时间灌服等量生理盐水；正常组和模型组每日同时灌服等量生理盐水。8周后摘眼球取血，取左侧股骨。采用双能X线骨密度仪测量大鼠股骨骨密度（BMD），采用ELISA法测定血清雌二醇（E_2）含量。结果显示，正常组、针刺组、西药组与模型组相比，BMD显著增高（$P<0.01$），血清E_2显著增高（$P<0.05$），体重显著降低（$P<0.01$）。正常组、西药组、针刺组之间BMD及血清E_2无显著性差异（$P>0.05$）。说明针刺能够增加去势大鼠BMD、血清E_2水平，提示这一作用是针刺治疗骨质疏松的机理之一。（魏玉芳等．针刺对去势大鼠骨质疏松模型雌激素及骨密度作用的研究．针刺研究，2007，32（1）：38–41）

（10）选用成年雄性Wistar大鼠26只，随机分为4组。其中正常对照组6只，脾虚造模组8只，自然恢复组6只，针刺治疗组6只。除正常对照组外，其余3组均按"彭式"方法建立脾虚证模型。针刺足三里穴治疗11 d后，断头取血，用放射免疫方法测定血清中胃泌素（Gas）、皮质醇（Cor）的含量。发现：针刺足三里穴可使脾虚大鼠血清中Gas、Cor的水平升高，明显高于模型对照组（$P<0.05$）；自然恢复组与模型对照组比较，血清中Gas、Cor含量没有明显变化（$P>0.05$）；自然恢复组血清中Gas、Cor含量明显低于正常对照组和针刺治疗组（$P<0.05$）。说明针刺足三里穴治疗脾虚证与其对Gas、Cor等激素水平的调节作用有关。（王昕等. 针刺"足三里"对脾虚证大鼠血清中胃泌素、皮质醇含量的影响. 针刺研究，2007，32（2）：125–127）

（11）SD大鼠48只，随机分为正常对照组、穴位针刺组、旁开针刺组、色甘酸钠组、生理盐水组、色甘酸钠＋针刺组、生理盐水＋针刺组和色甘酸钠＋对侧针刺组。采用大鼠尾部痛阈作为效应指标，在体观察针刺足三里穴提插捻转30 min过程中大鼠的甩尾潜伏期；并通过穴位组织切片染色，离体对照针刺前后穴位处局部肥大细胞脱颗粒率的变化以及色甘酸钠注射的影响。结果表明：手针大鼠足三里穴具有显著镇痛作用，效果明显优于针刺旁开对照点；而在色甘酸钠屏蔽穴位肥大细胞的脱颗粒功能后，这种镇痛作用被明显地削弱。针刺后穴位处局部肥大细胞颗粒率显著提高；而注射色甘酸钠可以明显减少该脱颗粒现象。（张迪等. 肥大细胞功能对针刺大鼠"足三里"镇痛效应的影响. 针刺研究，2007，32（3）：147–152）

（12）观察电针对犬胃黏膜血流量的调控作用及其与血浆、胃黏膜组织中内皮素水平变化的关系，以探讨电针对胃黏膜保护作用的机制。将20只犬随机分为4组：空白对照组、非经非穴组、上巨虚穴组、后三里穴组（每组5只）。采用激光多普勒血流仪监测犬胃黏膜血流量的变化，同步测定血浆及胃黏膜组织中内皮素含量并观察其变化规律。结果发现：给予电针30 min，停针30 min后后三里穴组胃黏膜血流量较针前显著升高（$P<0.01$），血浆及胃黏膜组织中内皮素含量显著下降（$P<0.01$）；电针后，上巨虚穴组仅血浆内皮素含量较针前下降（$P<0.05$），而胃黏膜血流量及胃黏膜组织内皮素含量无显著变化；其他组各监测指标无显著变化。说明电针可使犬胃黏膜血流量增加，对胃黏膜具有保护作用，这种变化与影响胃黏膜血流量的某些脑肠肽含量的改变有关，具有一定的穴位特异性。（孙大勇等. 电针对狗血浆、胃黏膜组织中内皮素含量的影响及意义. 针刺研究，2002，27（3）：197–200）

（13）采用风寒、湿环境因素结合弗氏完全佐剂的方法复制大鼠类风湿性关节炎模型，分别以艾灸、针刺、雷公藤灌胃、10.6 μm CO_2激光照射为主要治疗手段。用称量的方法得到胸腺和脾指数，透射电镜分析膝关节滑膜细胞内细胞器的形态学改变。结果发现：艾灸肾腧穴、足三里穴可提高大鼠的胸腺指数，降低脾指数（$P<0.01$，$P<0.05$），针刺、药物、CO_2激光治疗也均可提高大鼠的胸腺指数，降低脾指数（均为$P<0.05$）。各治疗组均能明显改善关节滑膜细胞中的线粒体、粗面内质网等细胞器的结构。说明艾灸肾腧穴、足三里穴不仅在整体上对胸腺、脾等免疫器官有保护作用，而且也能改善局部滑膜细胞的超微结构。（罗磊等．艾灸对类风湿性关节炎大鼠关节滑膜细胞超微结构的影响．针刺研究，2011，36（2）：105–109）

（14）用酒精+白醋灌胃建立脾虚证模型，观察针刺足三里穴对脾虚证大鼠内分泌代谢变化的影响，探讨其作用机制。针刺治疗组给予针刺足三里穴治疗，每日1次，共治疗10 d。用放射免疫方法测定血清中睾酮（T）、雌二醇（E_2）的含量。结果发现：针刺足三里穴可使脾虚大鼠血清中T、E_2含量及T/E_2比值升高，明显高于脾虚造模组（$P<0.05$）。说明针刺足三里穴对脾虚大鼠内分泌代谢具有调节作用，可使其性激素接近正常水平，使其体质得以恢复。（王昕等．针刺"足三里"穴对脾虚证大鼠血清中睾酮和雌二醇水平的影响．针刺研究，2011，36（4）：268–271）

88.阳辅穴

【穴名释义】外侧为阳，腓骨古称辅骨，穴名指本穴在辅骨外侧。

【体表定位】胫骨外侧，腓骨前缘，膝关节与跗关节之间的下1/4处，左、右肢各一穴。见图3-40。

【解剖结构】在趾长伸肌和腓骨短肌之间；有胫前动、静脉分支和腓浅神经分布。

【针刺方法】毫针向下方平刺1~2 cm；或艾灸。

【功能主治】通经活络，疗痹。主治后肢疼痛、麻痹。

89.肾堂穴

【穴名释义】来源于马的肾堂穴。

【体表定位】股内侧上部隐静脉上，左、右肢各一穴。见图3-41。

【解剖结构】位于腓肠肌、股薄肌处的隐静脉上，有腓浅神经和隐神经分布。

【针刺方法】采血针顺血管刺入，出血。

【功能主治】消肿止痛。主治腰胯闪伤、疼痛。

90.解溪穴

【穴名释义】本穴在足腕部系解鞋带之处，穴处凹陷如溪状，故名解溪。

【体表定位】跗关节前方中点，胫、距骨之间的凹陷中，左、右肢各一穴。见图 3–42至图3–44。

【解剖结构】有腓神经分布，深部为关节囊。

【针刺方法】毫针或三棱针点刺；或艾灸。

【功能主治】通经活络，疗痹。主治后肢扭伤、麻痹。

91.中跗穴

【穴名释义】穴位在跗关节左近，故名。

【体表定位】跟骨内侧，距骨下方的凹陷中，左、右肢各一穴。见图3–42、图 3–43。

【解剖结构】跗关节内侧副韧带长部、短部之间。

【针刺方法】毫针，沿跗骨腹侧面的皮下，向趾端刺入1~3 cm。

【功能主治】消肿止痛。主治跗关节肿痛、腹痛。

【实验研究】在甘油致家兔肾缺血状况下，电针双侧太溪穴（相当于犬中跗穴）10 min，结果可使缺血状态的肾血流量升高，电针前后具有显著性差异（$P<0.01$）。电针太溪穴可降低血栓素A_2（TXA_2），升高前列环素（PGI_2），调整TXA_2/PGI_2的比值。提示电针太溪穴升高肾血流量与前列环素、血栓素A_2密切相关。（许能贵等. 电针"太溪穴"对肾缺血家兔血栓素A_2和前列环素的影响. 针刺研究，1993，18（3）：240–242）

图3–41　肾堂穴

92.后跟穴

【穴名释义】穴在足跟部，故名。

【体表定位】后肢外侧，跟骨与腓骨远端之间的凹陷中，左、右肢各一穴。见图3-42、图3-44。

【解剖结构】有跖神经分布。

【针刺方法】毫针直刺0.3～0.8 cm，透至对侧皮下。

【功能主治】通络疗痹。主治扭伤、后肢麻痹。

【实验研究】（1）探讨电针治疗佐剂性关节炎（AA）最适宜的脉冲波形参数。将40只Wistar大鼠随机分为正常组、模型组、连续波电针组、断续波电针组、声电波电针组5组，电针观察组分别采用不同脉冲波形电针昆仑穴（相当于犬后跟穴）和悬钟穴对AA大鼠进行治疗，每日电针治疗1次，每次20 min，连续6 d。以痛阈、关节肿胀度和炎症局部组织中5-羟色胺（5-HT）、β内啡肽（β-EP）、亮脑啡肽（LEK）的含量为观察指标。发现：治疗后不同脉冲波形电针组痛阈高于模型组（$P<0.05$，$P<0.01$）；电针组炎症局部肿胀度虽然高于正常组（$P<0.01$），但较模型组低（$P<0.05$，$P<0.01$）；电针组炎症局部组织中5-HT含量低于模型组（$P<0.05$，$P<0.01$）；与模型组相比，声电波电针有升高炎症局部组织中β-EP和LEK含量的作用（$P<0.05$，$P<0.01$），断续波电针有升高β-EP的作用（$P<0.05$）。说明电针治疗AA最适宜的脉冲波形为声电波。（蒯乐等．不同脉冲波形电针对佐剂性关节炎大鼠的影响．中国针灸，2005，2（1）：68-71）

（2）用腹腔注射链脲佐菌素（Streptozotocin，STZ）建立糖尿病动物模型，采用免疫组织化学方法观察糖尿病小鼠脑内神经元型一氧化氮合酶（nNOS）免疫阳性神经元在脑内的分布。发现针刺能抑制糖尿病引起的nNOS免疫阳性神经元表达的增加，这种抑制作用在大脑皮层和杏仁核具有显著性意义。另外在糖尿病小鼠的海马、下丘脑中可见到nNOS阳性神经元，也较正常组多，针刺右侧太溪（相当于犬后跟穴）对nNOS阳性神经元的增加也有一定的抑制作用，但均未达显著性意义。说明糖尿病可增加脑内nNOS免疫阳性神经元表达，针刺可抑制这种nNOS阳性神经元的增加，有类似NOS抑制剂的作用，可拮抗nNOS的神经毒性。（景向红等．针刺对糖尿病小鼠脑内NOS表达的影响．针刺研究，2001，26（4）：260-263）

93.滴水穴

【穴名释义】穴在后肢近末端处，经气如水滴出，故名。

【体表定位】第3、4跖骨远端之间的凹陷中，左、右肢各一穴。见图3-42至图3-44。

【解剖结构】有第3趾跖背侧总神经分布。

【针刺方法】毫针直刺0.5 ~ 1 cm；或氦氖激光照射3 ~ 5 min。

【功能主治】清热，通络，疗痹。主治跖趾关节疼痛、跖关节无力、后肢闪伤、麻痹。

94.后六缝穴

【穴名释义】穴在后肢趾缝间，共六穴，故名。

【体表定位】后肢趾关节2、3、4趾间皮肤皱褶处，左、右肢各三穴。见图3-42至图3-44。

【解剖结构】有趾背侧动、静脉和趾背侧固有神经分布。

【针刺方法】毫针沿趾缝向后方刺入1 ~ 3 cm。

【功能主治】清热开窍，安神，通络，利尿。主治趾扭伤、后肢麻痹、腰痛、癫痫、晕车、尿不利、中毒。

【实验研究】将家兔随机分为正常组、模型组、针刺组，每组8只。采用无水乙醇损伤法造模。针刺穴位取左侧内庭穴（相当于犬后六缝穴的内侧穴）、解溪穴、足三里穴、梁丘穴、天枢穴、梁门穴，每日1次，每次30 min，连续7 d。采用RIA法检测胃黏膜生长抑素（SS）含量，采用RT-PCR反应方法检测胃黏膜中SSR_1mRNA表达的强度。结果：针刺组胃黏膜中SS含量、SSR_1mRNA表达水平明显低于模型组（$P<0.01$）。显示：针刺内庭穴等穴位可减少生长抑素的生成，抑制家兔胃黏膜生长抑素受体基因表达强度，促进黏膜上皮细胞的增殖，加速损伤黏膜的修复，从而表现出良好的细胞保护作用。（阳仁达等. 针刺对胃黏膜损伤家兔胃黏膜生长抑素及其受体基因表达的影响. 针刺研究，2004，29（3）：183-186）

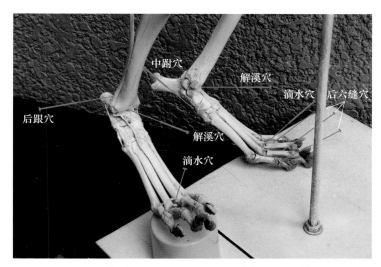

图3-42 解溪穴、中跗穴、后跟穴、滴水穴、后六缝穴

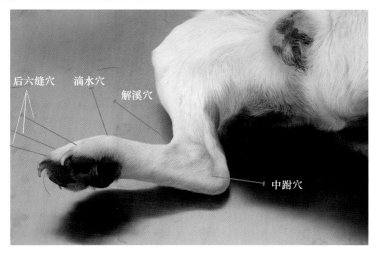

图3-43 解溪穴、中跗穴、滴水穴、后六缝穴

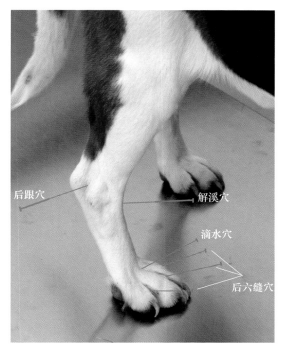

图3-44 解溪穴、后跟穴、滴水穴、后六缝穴

附　表

附表1　犬头颈部腧穴简表

穴　名	定　位	主　治
1.山根穴	鼻背正中有毛无毛交界处，单穴	中暑，感冒，发热，休克
2.水沟穴	上唇唇沟的上1/3处，单穴	昏迷，晕厥，癫痫，中暑
3.上关穴	下颌关节后上方，下颌关节突与颧弓之间的凹陷中，左、右侧各一穴	颜面神经麻痹，下颌关节障碍，耳聋
4.下关穴	下颌关节正前方稍偏下的凹陷中，左、右侧各一穴	颜面神经麻痹，下颌关节障碍，耳聋
5.开关穴	口角延长线与咬肌前缘相交处，左、右侧各一穴	歪嘴风，面肌痉挛，下颌关节障碍
6.睛明穴	在内眼角，上、下眼睑交接处，左、右眼各一穴	目赤肿痛，睛多流泪，睛生云翳
7.睛腧穴	上眼睑正中，眶上突下缘内侧处，左、右眼各一穴	目赤肿痛，睛生云翳，白内障
8.承泣穴	下眼睑正中，下眼眶上缘中部内侧处，左、右眼各一穴	目赤肿痛，睛生云翳，白内障
9.耳尖穴	耳尖部的静脉血管上，左、右耳各一穴	中暑，感冒，腹痛，耳肿
10.角孙穴	耳壳根部上端的凹陷处，左、右耳各一穴	目赤肿痛，耳部肿痛，颈椎病
11.颅息穴	耳壳弧线上中1/3处，左、右耳各一穴	头痛，耳聋，颈椎病

穴　名	定　位	主　治
12.翳风穴	耳基部下端的凹陷处，左、右耳各一穴	口眼歪斜，耳聋，颈椎病
13.天门穴	两耳根连线正中，枕骨嵴处，单穴	发热，脑炎，抽搐，惊厥
14.风池穴	枕骨大孔两旁，寰椎翼前缘直上方的凹陷处，左、右侧各一穴	感冒，颈椎病，癫痫，目赤肿痛
15.三委穴	从第1颈椎寰椎翼至大椎穴的连接弧线上，将弧线四等分的三个等分点上，距颈背线1~2.0 cm的凹陷处，左、右侧各三穴	颈椎病，颈风湿症
16.廉泉穴	下颌腹侧正中线上，喉头上方舌骨前缘的凹陷处，单穴	舌运动障碍，下颌关节障碍
17.喉腧穴	颈部腹侧第3、4气管软骨环之间的正中处，单穴	咳嗽，气喘，咽喉肿痛，异物性肺炎
18.天突穴	颈部腹侧胸骨柄前窝正中处，单穴	咳嗽，气喘，咽喉肿痛，暴喑，甲状腺功能亢进
19.颈脉穴	颈外静脉上1/3处，左、右侧各一穴	中暑，风疹，中毒，脑炎
20.大椎穴	第7颈椎与第1胸椎棘突之间，单穴	发热，咳喘，瘫痪，风湿症，颈部及胸背疼痛

附表２　犬躯干部腧穴简表

穴　名	定　位	主　治
21.陶道穴	第1、2胸椎棘突之间，单穴	前肢及肩部挫伤，癫痫，发热
22.身柱穴	第3、4胸椎棘突之间，单穴	肺热咳嗽，肩部挫伤
23.灵台穴	第6、7胸椎棘突之间，单穴	胃痛，肝胆湿热，肺热咳嗽
24.中枢穴	倒数第3、4胸椎棘突之间，单穴	腰背疾患，食欲不振，消化不良
25.脊中穴	倒数第2、3胸椎棘突之间，单穴	腰背疾患，消化不良，腹泻
26.悬枢穴	最后胸椎与第1腰椎棘突之间，单穴	腰椎病，腰风湿，消化不良
27.命门穴	第2、3腰椎棘突之间，单穴	腰椎病，腰风湿，肾虚腰痿，腹泻
28.阳关穴	第4、5腰椎棘突之间，单穴	腰风湿，肾虚腰痿，腰椎病，腹泻，阳痿
29.关后穴	第5、6腰椎棘突之间，单穴	腰椎病，肾虚腰痿，腰风湿
30.百会穴	最后腰椎与第1荐椎棘突之间，单穴	腰椎病，腰风湿，后肢瘫痪，腹泻，尿频，阳痿
31.百会旁穴	百会穴左右旁开0.5~1 cm处，左、右侧各一穴	尿失禁，尿潴留，腰瘫痪
32.二眼穴	第1、2和2、3荐椎背荐孔处，左、右侧各二穴	腰胯疼痛，后肢瘫痪，尿频，膀胱麻痹，阳痿

穴　名	定　位	主　治
33.尾根穴	最后荐椎与第1尾椎棘突之间，单穴	后肢瘫痪，尾麻痹，脱肛，腹泻
34.尾尖穴	尾末端，单穴	发热，感冒，中暑，瘫痪，癫狂，中毒
35.后海穴	尾根与肛门之间的凹陷中，单穴	腹胀，腹泻，便秘，脱肛，生殖机能衰退
36.脱肛穴	肛门左右0.5~1 cm，两侧各一穴	脱肛
37.肺腧穴	肩端至髋节结连线与倒数第10肋间的交点处，左、右侧各一穴	咳嗽，气喘，鼻塞
38.厥阴腧穴	肩端至髋节结连线与倒数第9肋间的交点处，左、右侧各一穴	心悸动，咳嗽，呕吐
39.心腧穴	肩端至髋节结连线与倒数第8肋间的交点处，左、右侧各一穴	心脏疾患，癫痫
40.督腧穴	倒数第7肋间，胸最长肌与髂肋肌之间的肌沟中，左、右侧各一穴	心脏疾患
41.膈腧穴	倒数第6肋间，胸最长肌与髂肋肌之间的肌沟中，左、右侧各一穴	呕吐、呃逆，气喘，咳嗽
42.肝腧穴	倒数第4肋间，胸最长肌与髂肋肌之间的肌沟中，左、右侧各一穴	肝炎，黄疸，眼病，癫狂

穴　名	定　位	主　治
43.胆腧穴	倒数第3肋间，胸胸最长肌与髂肋肌的肌沟中，左、右侧各一穴	肝气不舒，视物不清
44.脾腧穴	倒数第2肋间，胸最长肌与髂肋肌之间的肌沟中，左、右侧各一穴	食欲不振，消化不良，腹胀，腹泻
45.胃腧穴	倒数第1肋间，背最长肌与髂肋肌的肌沟中，左、右侧各一穴	食欲不振，消化不良，呕吐，腹泻
46.三焦腧穴	第1腰椎和最后胸椎棘突连线中点两侧，背最长肌与髂肋肌的肌沟中，左、右侧各一穴	消化不良，食欲不振，呕吐，腹泻，腰背强痛
47.肾腧穴	第1、2腰椎棘突连线中点两侧，背最长肌与髂肋肌的肌沟中，左、右侧各一穴	多尿症，肾病，腰胯疼痛，生殖机能衰退
48.气海腧穴	第2、3腰椎棘突连线中点两侧，背最长肌与髂肋肌的肌沟中，左、右侧各一穴	消化不良，腰病
49.大肠腧穴	第3、4腰椎棘突连线中点两侧，背最长肌与髂肋肌的肌沟中，左、右侧各一穴	消化不良，腰病
50.关元腧穴	第4、5腰椎棘突连线中点两侧，背最长肌与髂肋肌的肌沟中，左、右侧各一穴	腹胀痛，便秘，尿频
51.小肠腧穴	第5、6腰椎棘突连线中点两侧，背最长肌与髂肋肌的肌沟中，左、右侧各一穴	消化不良，肠炎，肠痉挛

穴 名	定 位	主 治
52.膀胱腧穴	第6、7腰椎棘突连线中点两侧，背最长肌与髂肋肌的肌沟中，左、右侧各一穴	尿不利，尿失禁，腰胯病
53.胰腧穴	第2腰椎横突末端在肩胛后角与髋节结连线上的投影点。左、右侧各一穴	消化不良，慢性腹泻，多尿
54.卵巢腧穴	第4腰椎横突末端在肩胛后角与髋节结连线上的投影点。左、右侧各一穴	卵巢机能减退，不孕症
55.中脘穴	剑状软骨与脐孔连线中点，单穴	消化不良，呕吐，胃痛，胃胀
56.下脘穴	剑状软骨与脐孔连线的后1/4点，单穴	消化不良，呕吐，腹痛，腹胀，腹泻，消瘦
57.天枢穴	脐孔左右1~2 cm，左、两侧各一穴	消化不良，肠功能紊乱
58.腰夹脊穴	即三焦腧穴、肾腧穴、气海腧穴、大肠腧穴、关元腧穴、小肠腧穴，左、右侧各六穴	腰椎病重症，腹部及后肢疾患

附表 3　犬前肢腧穴简表

穴　名	定　位	主　治
59.弓子穴	肩胛软骨外侧正中处，左、右侧各一穴	肩胛部扭伤，肩胛神经麻痹，肩胛风湿
60.膊栏穴	肩胛骨后角，左、右侧各一穴	肩部扭伤，肩胛神经麻痹
61.肺门穴	肩胛软骨前角与肩端连线中点，左、右侧各一穴	咳嗽，前肢扭伤，麻痹，风湿
62.肺攀穴	肩胛骨后缘的上中1/3交界处，左、右侧各一穴	咳嗽，肩膊风湿，前肢麻痹
63.肩井穴	肩峰前下方的凹陷中，左、右肢各一穴	肩部扭伤，肩部神经麻痹
64.肩外腧穴	肩峰后下方的凹陷中，左、右肢各一穴	肩关节扭伤，前肢麻痹
65.抢风穴	肩端与肘突连线的上1/3处，左、右肢各一穴	前肢肌肉扭伤，麻痹，前肢风湿症
66.郄上穴	肩外腧穴与肘腧穴之间连线的下1/4处，左、右肢各一穴	肘关节扭伤，前肢风湿，神经麻痹
67.肘腧穴	前肢外侧，肘突与肱骨的夹角中，左、右肢各一穴	肘头肿痛，肘关节扭伤，前肢麻痹
68.曲池穴	臂骨外上踝和桡骨小头之间的凹陷中，左、右肢各一穴	肘关节扭伤，前肢麻木
69.前三里穴	小臂外侧上1/4处，前肢指桡屈肌与腕桡侧屈肌的肌沟中，左、右肢各一穴	前肢扭伤，风湿，麻痹

穴 名	定 位	主 治
70.三阳络穴	肘关节与腕关节之间上1/3的外侧，尺骨后缘，左、右侧各一穴	安神镇痛
71.四渎穴	桡骨与尺骨之间，小臂外侧上1/2处，左、右肢各一穴	前肢扭伤，麻痹，风湿
72.内关穴	前臂内侧下1/4处，桡骨与尺骨的间隙中，左、右肢各一穴	心悸，癫痫，前肢神经麻痹
73.外关穴	前臂外侧下1/4处，桡、骨的间隙中，与内关穴相对，左、右肢各一穴	桡、尺神经麻痹，前肢风湿，便秘，缺乳
74.胸堂穴	胸外侧，臂三头肌与臂头肌间的臂头静脉上，左、右肢各一穴	中暑，肩肘扭伤，前肢风湿症
75.膝脉穴	第1腕掌关节内侧下方，第1、2掌骨间的掌心浅静脉上，左、右肢各一穴	腕、指关节扭伤，中暑，感冒，风湿
76.阳池穴	腕关节背侧，腕骨与尺骨远端连接处的凹陷中，左、右肢各一穴	腕、指扭伤，前肢神经麻痹
77.腕骨穴	尺骨远端和副腕骨间的凹陷中，左、右肢各一穴	腕、指关节扭伤，胃炎
78.合谷穴	第1、2掌骨之间，第2掌骨内缘中点处，左、右肢各一穴	感冒
79.涌泉穴	第3、4掌骨远端之间的凹陷中，左、右肢各一穴	腕痛，腕关节无力，前肢闪伤，麻痹

附表 4　犬后肢腧穴简表

穴　名	定　位	主　治
80.前六缝穴	前肢指关节第2、3、4指间皮肤皱褶处，左、右肢各三穴	指扭伤，前肢麻痹，颈椎病，中毒
81.环跳穴	股骨大转子与百会穴连线的外1/3交会处，左、右侧各一穴	后肢疼痛，髋关节不利，腰胯风湿，后肢肌肉萎缩
82.大胯穴	髋关节下缘，股骨大转子前下方的凹陷中，左、右侧各一穴	髋关节不利，腰胯痛，后肢风湿
83.小胯穴	股骨第三转子后下方的凹陷中，左、右肢各一穴	髋关节不利，后肢风湿，腰胯痛
84.膝凹穴	位于膝外，膝中直韧带间，深部为膝关节囊。左、右肢各一穴	膝关节炎，关节扭伤
85.阳陵穴	膝关节下外侧胫骨近端隆起后方、腓骨近端隆起处前方凹陷中，左、右肢各一穴	膝关节扭伤，后肢麻痹，针刺麻醉用穴
86.委中穴	膝关节后方正中处，左、右肢各1穴	腰痛，后肢痿痹，皮肤瘙痒
87.后三里穴	小腿外侧上1/4处，胫、腓骨间隙中，左、右肢各一穴	消化不良，腹泻，腹痛，后肢痿痹，虚弱
88.阳辅穴	股骨外踝上，腓骨前缘，小腿下1/4处，左、右肢各一穴	后肢疼痛，麻痹

穴　名	定　位	主　治
89.肾堂穴	股内侧上部隐静脉上，左、右肢各一穴	腰胯闪伤，疼痛
90.解溪穴	跗关节前方中点，胫、距骨之间的凹陷中。左、右肢各一穴	后肢扭伤，麻痹
91.中跗穴	跟骨内侧，距骨下方的凹陷中，左、右肢各一穴	跗关节肿痛，腹痛
92.后跟穴	后肢外侧，跟骨结节头前方凹陷处，与中肘穴相对，左、右肢各一穴	后肢扭伤，后肢麻痹，腰胯痛
93.滴水穴	第3跖骨远端处，左、右肢各一穴	跖趾关节痛，关节无力，后肢闪伤，麻痹
94.后六缝穴	后肢趾关节第2、3、4趾间皮肤皱褶处，左、右肢各三穴	趾扭伤，后肢麻痹，腰痛，癫痫，晕车，尿不利，中毒

参考文献

[1] 于船. 中国兽医针灸学. 北京：农业出版社，1984.

[2] 杨宏道，李世骏，于船. 中国针灸荟萃·兽医针灸卷. 长沙：湖南科学技术出版社，1987.

[3] 赵阳生. 兽医针灸学. 北京：农业出版社，1993.

[4] 邱茂良. 针灸学. 北京：人民卫生出版社，1985.

[5] 王玉兴. 新编实用腧穴学. 北京：中国医药科技出版社，1999.

[6] 何静荣，陈耀星. 犬猫的按摩与针灸. 北京：中国农业科技出版社，2002.

[7] 胡元亮. 小动物针灸技法手册. 北京：化学工业出版社，2009.

[8] 杨清容，林仁寿. 新兽医针灸学. 台北：华香园出版社，2009.

[9] 李树忠. 动物X线实用技术与读片指南. 北京：中国林业出版社，2009.

[10] 王太一，韩子玉. 实验动物解剖图谱. 沈阳：辽宁科学技术出版社，2000.

[11] Stanley H Done, Peter C Goody, Susan A Evans, 等. 犬猫解剖学彩色图谱. 林德贵，陈耀星译. 沈阳：辽宁科学技术出版社，2007.